性格色彩品三国

方晓 / 著

中国友谊出版公司

图书在版编目（CIP）数据

性格色彩品三国 / 方晓著. — 北京：中国友谊出版公司，2018.7
　　ISBN 978-7-5057-4389-2

Ⅰ. ①性… Ⅱ. ①方… Ⅲ. ①性格－通俗读物 Ⅳ. ①B848.6-49

中国版本图书馆CIP数据核字(2018)第110832号

书名	性格色彩品三国
作者	方　晓
出版	中国友谊出版公司
发行	中国友谊出版公司
经销	新华书店
印刷	天津旭丰源印刷有限公司
规格	700毫米×990毫米　16开 16.5印张　198千字
版次	2018年9月第1版
印次	2018年9月第1次印刷
书号	ISBN 978-7-5057-4389-2
定价	45.00元
地址	北京市朝阳区西坝河南里17号楼
邮编	100028
电话	（010）64668676

如发现图书质量问题，可联系调换。质量投诉电话：010-82069336

题词

大人者，不失其赤子之心。

——孟子

序

职场性格书 2.0

乐嘉

《性格色彩品三国》是方晓继《性格色彩品红楼》之后的名著系列第二弹。

如果说《性格色彩品红楼》是性格色彩学崭露头角之际,在家庭、情感的应用上展现了"'色'小说""'色'影视"系列的可能性,那么《性格色彩品三国》便是性格色彩学日臻成熟之际,运用于职场的典型之作。

随便走进一家书店,励志书、职场书琳琅满目,从教你提高情商、影响力、执行力,一直到教你如何整理办公室桌面,成功学、心灵鸡汤更是汗牛充栋,从激发潜力到努力者事竟成,这些书,各自有各自的道理。

当然,其中也不乏性格书,告诉你要会沟通回旋、缜密思考、果敢决断、耐心倾听。由性格入手,谈三国人物,要么说某人性格圆融、无所不能,要么就是性格低下、处处犯错。

甚至有些人把曹操打扮成一朵花,人见人爱,杀吕伯奢的曹操,居然成了"朋友之间的曹操,就更可爱了"。明明"德行放两边,才能摆中央"的曹操,居然成了"德才兼备,唯才是举"。

那么,这本书有什么不同呢?

性格色彩品三国

人和人是不一样的。1.0 的职场性格书，只会告诉你要这样、要那样，可是，对某个具体的个人来说，要发挥自己的优势、要规避自己的问题，首先，他需要认识自己。

比如，对追求完美的人而言，细节决定成败；对果断、坚定的人而言，没有任何借口，都根植于他们的内在，无须多加训练。反之，不拘小节的人，需要读《细节决定成败》，但若没有认识到性格的天生局限，就更有可能成为一时兴起，搞得鸡飞狗跳，热情一过，就抛之脑后。天性和谐的人，需要读《没有任何借口》，但若没有认识到性格的天生局限，就更有可能只是读完一本书，而没有任何行动去改变。

而职场性格书 2.0 的《性格色彩品三国》和这些书的不同，正在于能够把一个人作为一个整体，把"成也萧何，败也萧何"的方方面面分析得如此透彻。通过三国人物，连接职场实际，让大家认识自己和别人。

"江山如画，一时多少豪杰。"

三国之胜，胜在人物。诗词中"羽扇纶巾，谈笑间，樯橹灰飞烟灭"的周瑜；"三顾频烦天下计，两朝开济老臣心"的诸葛亮；俗语中扶不起的阿斗；民间供奉义薄云天的关二爷等颇为大家所熟知。卡牌游戏《三国杀》里，也有"仁德"的刘备、"龙胆"的赵云、"刚烈"的夏侯惇、"克己"的吕蒙和"谦逊"的陆逊。

人多了，不免要分类，探究三国不同人群行为和动机的理论也不少，比如有按出身分：

曹操、刘备、孙权出身寒微，曹操出身宦官家族，虽富贵但却被人瞧不起；刘备号称"皇叔"，其实落架的凤凰不如鸡；而袁绍兄弟、荀彧叔侄、司马懿父子出身名门望族，长辈们不是朝廷公卿，就是地方大员。

也有按地域分：曹操有亲属的曹氏、夏侯氏，有出身所在的谯沛集团，有招募而来的颍川集团；刘备有荆襄集团、益州集团、东州集团；孙权有淮泗集团、江东集团。

也可以按职位分：曹操、刘备、孙策，是魏、蜀、吴三家公司老总；曹丕、刘禅、孙权，是继承人，是下代公司老总；还有袁绍、吕布这样的中小公司；文臣武将便是中高层。

这些分法，能够解释他们对一些问题或利益的共同看法，但却不能解释一个集团内部人与人之间的差别。

为什么曹操和刘备同属寒族，一个挨骂，一个受赞？为什么袁绍和司马懿同属士族，一个犹豫不决，一个当机立断？为什么曹操、袁绍，几乎同时起兵，最后结果却不同？

早在性格色彩学创始之初，我就发现各家公司创始人，不是风风火火，就是果断坚定，只有一成是追求完美类型的性格，而平和稳定性格的人最少。

三国像一个公司大混战，当天下逐鹿、机会涌现，最先跳出来的一定是风风火火的那些人，他们敢为人先，勇于尝试。然而，他们有些鲁莽，缺乏耐力，也容易被挫折打倒，所以他们易有成就而难有大成就，董卓、袁绍就是其中的代表。

而果断坚定的人，勇于进取，不惧失败，屡败屡战，意志坚定，受得了胯下之辱，忍得了杀子之仇，不成功就对不起这性格，刘备就是其中的代表。然而他们不重人情，心狠手辣，加之自信心爆棚，听不进意见，不跌倒则已，一跌倒就出大事故，夷陵一败，身死白帝城。

追求完美的人要分析透彻，方才行动，所以他们是做首席幕僚的好人选，诸葛亮就是其中典型。然而他们过于追求细节和章程，往往留下严重的后遗症，"蜀

性格色彩品三国

中无大将,廖化做先锋"就是这个意思。而平和稳定的人,几乎就被历史所湮没。

还有,当你选择继承人的时候,你会按什么标准选?你会不会担心选好的继承人大权旁落?会不会故意挑起候选人的竞争?

这些,都是性格惹的祸。

有人会说,那我不当老板,我当员工,总可以了吧?

不行。你得了解老板。

为什么曹操可以把杀子之仇放下,可以任用贪污腐败的官吏,却给帐下第一大谋臣荀彧送上一个空饭盒,请他自杀?

你得了解自己。

为什么吕布多次跳槽,被一句"三姓家奴"定了性,终于惨死白门楼,而贾诩同样多次跳槽,却得到曹操的重用?

为什么卧龙、凤雏,一个谨小慎微,一个大开大合?为什么大家族出身的杨修,反而跟寒士祢衡交好,最终他们却都被杀?为什么吕蒙、陆逊,一个"凤凰男",一个"富二代",行事风格却如出一辙?

利用你性格当中天生的优势,你就可以成功;明了你性格当中天生的过当,你更有可能迈向卓越。

首先,你得认识自己,完整的自己,这就是职场性格书 2.0 的《性格色彩品三国》。

目 录

滚滚长江东逝水——序篇

关注导向——为什么袁绍能坐收冀州？_005
完美导向——为什么刘备不用赵云攻城略地？_010
目标导向——"凤凰男"吕蒙和"富二代"陆逊有什么共同点？_014
和平导向——为什么鲁肃坚持和刘抗曹？_019

大风起兮云飞扬——诸侯篇

为什么何进大权在握反被宦官所杀？_024
董卓是如何从有志男儿走向暴君的？_028
为什么王允能干掉董卓却摆不平凉州兵？_034
为什么以德服人的刘虞最终失败？_038
为什么孙策、周瑜、鲁肃纷纷弃袁术而去？_041
为什么最早称帝的袁术最先灭亡？_044
为什么袁绍没有乘曹操东征偷袭许昌？_046
为什么袁绍兵多将广却在官渡失利？_051

天下英雄谁敌手——曹操篇

部分学者认为曹操主张"德才兼备，唯才是举"，对吗？_058
为什么曹操可以放过有杀子之仇的张绣？_062

为什么曹操不放过冒犯他的许攸？ _065
为什么曹操会纠结于要不要杀刘备？ _068
曹操如何以身作则接受处罚？ _072
生性多疑的曹操如何控制下属？ _074

青梅煮酒论英雄——刘备篇

为什么刘备颠沛流离能终成大业？ _080
为什么刘备宁可失败也不肯放弃百姓？ _084
为什么刘备把阿斗扔在地上？ _086
刘备伐吴是真心为关羽复仇吗？ _089
为什么说刘备是哭来的江山？ _092

坐断东南战未休——孙吴篇

为什么孙坚劝张温借故杀董卓？ _098
为什么孙坚、孙策都死于意外事故？ _101
"升堂拜母"是认干儿子吗？ _104
为什么孙策打击江东豪族而孙权要把女儿嫁给他们？ _107
为什么孙权肯向小辈曹丕称臣？ _109

笑杀景升豚犬儿——立嗣篇

袁绍想传位小儿子做了什么导致兄弟阋墙？ _116
为什么刘表不得不废长立幼？ _120
贾诩哪一句话立刻说服了曹操？ _123
为什么曹丕狠心对待兄弟？ _127
为什么孙权要在儿子之间搞平衡？ _130

目录 CONTENTS

金陵王气黯然收——归晋篇

为什么李宗吾读到司马懿接受妇女服饰就认定他能一统天下？ _136
为什么曹爽轻易相信了司马懿？ _141
为什么曹髦讨伐司马昭不能成功？ _144
为什么刘禅没做抵抗就投降了？ _146
孙皓是怎么把吴国折腾没的？ _148

春风得意马蹄疾——择主篇

为什么庞统两次面试都不成功？ _152
为什么吕布多次跳槽成了"三姓家奴"？ _156
为什么贾诩多次跳槽位至三公？ _160

诸葛大名垂宇宙——诸葛篇

为什么诸葛亮不肯毛遂自荐而等人上门？ _166
刘备如何说服诸葛亮出山？ _169
丢了荆州诸葛亮如何执行"隆中对"？ _172
为什么诸葛亮不愿采用魏延的奇袭之计？ _175
为什么诸葛亮要挥泪斩马谡？ _178
诸葛亮是怎么过劳死的？ _182

安得猛士守四方——将相（曹魏）篇

为什么荀彧投奔曹操却反对曹操篡位不惜自杀？ _188
为什么七岁让梨的孔融因道德败坏被处死？ _192
为什么黄祖欣赏祢衡却把他杀了？ _196
为什么出身最高门第的杨修不得善终？ _200
为什么司马懿不经请示而曹丕却事事请示？ _202

人质遭劫持该答应劫匪还是拒绝谈判？ _205
徐州地方派是如何保护自己的？ _208

浪花淘尽英雄——将相（蜀吴）篇

关云长为什么败走麦城？ _214
张飞怎么会死于小人之手？ _217
杨仪落魄时心态不平衡有什么后果？ _219
为什么蒋琬能淡对批评？ _223
都是空降兵，周瑜、陆逊处理方法有什么不同？ _224
为什么诸葛恪不肯听取意见终归失败？ _227

斫案兴言断众疑——说服篇

张辽土山如何说服关羽？ _232
为什么张昭受命托孤却两次没当上丞相？ _236
为什么顾雍能得到孙权的信任？ _240
诸葛瑾是如何劝说孙权的？ _242
为什么诸葛亮说只有法正可以说服刘备不打吴国？ _245

后记 // 249

附：主要人物性格总表 // 251

滚滚长江东逝水
——序篇

性格色彩 品三国

> 滚滚长江东逝水,浪花淘尽英雄。
> 是非成败转头空。
> 青山依旧在,几度夕阳红。
> 白发渔樵江渚上,惯看秋月春风。
> 一壶浊酒喜相逢。
> 古今多少事,都付笑谈中。
>
> ——杨慎《临江仙·滚滚长江东逝水》

解释三国的理论很多,把人分类,探究不同人群行为和动机的理论也不少,比如:

经典的士族、寒族分法:曹操、刘备、孙权都是寒族,而袁绍兄弟、荀彧叔侄、司马懿父子都是士族,能解释他们对一些问题的看法。

地域性集团的区分:谯沛、颍川、河北、荆襄、益州、东州、淮泗、江东等,能很好地解释集团的意见和倾向,还有探讨"游侠"背景等。

不过,他们没法解释一个集团内部人和人之间的差别,为什么曹操和刘备同属寒族,一个挨骂,一个受赞?为什么袁绍和司马懿同属士族,一个犹豫不决,一个当机立断?为什么卧龙、凤雏,一个谨小慎微,一个大开大合?为什么吕蒙、陆逊,一个"凤凰男",一个"富二代",行事风格却如出一辙?

滚滚长江东逝水——序篇

为什么曹操可以把杀子之仇放下,可以任用贪污腐败的官吏,却给帐下第一大谋臣荀彧送上一个空饭盒,请他自杀?为什么诸葛亮讲究公平公正,却给蜀汉留下一个烂摊子?

为什么吕布多次跳槽,被一句"三姓家奴"定了性,最终惨死白门楼,而贾诩同样多次跳槽,却得到曹操的重用?

通常,人们会把这些差别归结为性格。

历史上,性格往往成为胜负成败的决定性因素,可以说了解一个人的性格,就知道了他的行事风格。韩信点评项羽有匹夫之勇,却不能任用人才;有妇人之仁,却不舍得封赏功臣。煮酒论英雄*[①],曹操说袁绍:"色厉胆薄,好谋无断;干大事而惜身,见小利而忘命,非英雄也。"杨阜认为袁绍终将失败:"袁公宽厚而缺乏明断,有谋略却迟疑不决,不明断,就没有威信,迟疑不决,就会错过时机。"而诸葛亮"知人七法",至少有两条都是直指性格:第二条,辩论中把他逼到理屈词穷看他怎么应变;第五条,灌醉后看他的性情如何。

本书也试图从人物性格这个侧面,来解释其中一部分的个体差别问题。不同的是,通常胜者为王,享尽溢美之词;败者为寇,只有溢恶之言。而本书试图从一个人的整体,解释为什么在一个人身上同时具有优势和过当,这些优势和过当是怎么统一起来的?

在这里,我们用红、蓝、黄、绿分别代表一种性格。每种性格都有一种最强大的内在动机驱动着他们,红色快乐、蓝色完美、黄色成就,而绿色稳定。

从天性上来讲,红色性格的人热情、开朗、不拘小节、追求自由、享受快乐;蓝色性格的人感情细腻、体贴、忠诚、重诺,追求完美,比较仔细和小

[①] 为行文方便,《三国演义》有记载而《三国志》没有记载的内容,标注 *,下同。

心；黄色性格的人自信、果断、坚定；绿色稳定、耐心、倾听、和谐，不愿意和他人发生冲突。

然而过犹不及，每一种性格，都有天生的优势，也有伴随而来的过当。红色性格情绪波动较大，大起大落，做事犹豫拖延，优柔寡断；蓝色性格过于挑剔和批判，过度计划，不能随机应变；黄色性格控制欲强，铁石心肠，缺乏人情，目的性过强；绿色性格安于现状，不思进取，姑息养奸，不负责任地和稀泥。

有些人可能会兼具两种性格，比如，孙坚、孙策是红+黄，也就是说他们父子俩以红色为主，黄色为辅。而孙权则是黄+红，以黄色为主，红色为辅。孙坚、孙策主色的热情让他们很容易在身边聚集人才，而他们的辅色让他们鲁莽冲动的红色一面变本加厉，更为冒进，最终横死异乡。孙权的主色目标感让他和江南大族一笑泯恩仇，稳定了后方，而他的辅色让黄色的攻击性更夸张地表现出来，功臣们贬的贬，杀的杀，给儿子留下一个烂摊子。

本书希望通过对三国人物的分析，给职场人士一些参考和帮助。市面上的励志书很多，心灵鸡汤更多，有很多道理，这些道理的确也成立。但对某个具体的个人来说，要发挥自己的优势、规避自己的过当，首先，他需要认识自己。

> 比如，对蓝色性格而言，细节决定成败；对黄色性格而言，没有任何借口，都根植于他们的内在，无须多加训练。对红色性格，需要读《细节决定成败》，但若没有认识到性格的天生局限，就更有可能会一时兴起，搞得鸡飞狗跳，热情一过，就抛之脑后。对绿色性格，需要读《没有任何借口》，但若没有认识到性格的天生局限，就更有可能只是读了一本书，不会有任何行动去改变。

滚滚长江东逝水——序篇

我一直相信，**深刻的错误**，比起说教，更能促使人进步。这本书批判各种性格的过当，远多于赞赏各种性格的优势，你所喜爱的三国人物，也会在被批判之列，由此可能会给你带来心理或生理的不适，不能接受请绕路。

同时，我一直相信，有些道德判断，其实只是性格上的差别，**把性格和道德混为一谈，只会阻碍我们看清事物的真相和本质**。这本书批判的是性格上的过当，并不是道德上的问题，请谨记。

◎关注导向——为什么袁绍能坐收冀州？

> 红色性格的人，积极、乐观、热情、开朗、不拘小节、喜好交友，追求自由、变化和刺激；同时，红色性格情绪波动大，大起大落，变化无常，口无遮拦，鲁莽冲动，做事犹豫拖延，优柔寡断。三国里，董卓，袁绍、袁术兄弟，吕布，张辽，关羽，张飞，徐庶，庞统，孙坚、孙策父子等都是以红色性格为主色。

红色性格以快乐为导向，在商场和职场中，快乐导向更主要体现在人际交往上，他们喜欢交友，乐于助人，良好的人际关系可以帮助他们在事业上取得重大的进展。

董卓喜欢结交朋友，羌人部落头领们跑到他家来，他把自家的耕牛杀掉请客，头领们非常感动，回去后收罗了各种牲畜一千多头送给他。

但他们太注重人际关系、太注重和每一个人的关系，导致在发生冲突时无所适从。

性格色彩品三国

刘表单人骑马入宜城,邀请荆襄名士蒯越、蔡瑁共商大计,依靠他们的支持,迅速平定荆州全境,地方几千里和士兵十几万。然而,他不愿得罪荆襄系,怕和荆襄系闹翻,从来没有尝试扶持由于北方战乱而流亡荆州避乱的士人。还娶了蔡瑁的姐姐蔡氏为后妻,选定荆襄系支持的刘琮作为继承人。

对外,刘表狐疑不决,依违于曹操、袁绍之间,坐山观虎斗,和袁绍联盟,却虚与委蛇,和曹操不对路,但却从不曾发兵,骚扰后方。结果可想而知,无非是坐以待毙。

红色性格的人真诚地愿意信任别人,这给他们带来友谊和忠诚,但也会因轻信导致失败。

孙策抓获太史慈,又派太史慈去安抚刘繇余部,大家都说:"太史慈去了肯定不会回来。"孙策说:"太史慈背弃我,还会去追随谁呢?"果然,太史慈如期而返。

吕布轻信陈珪、陈登父子,听从他们的意见与袁术断交,和曹操结盟,可陈氏父子暗中投靠曹操,陈登率领士兵,为曹操先锋,吕布惨死。

红色性格的人非常在意自己在别人心目中的形象和地位,他们热爱关注、夸奖和赞美。

诸葛亮回答说:"马超文武兼备,勇猛、刚烈过人,一世人杰,黥布、彭越之徒,能和张飞并驾齐驱,一争先后,怎么比得上美髯公你的绝伦超群呢?"关羽的胡子(髯)很漂亮,所以诸葛亮称他为"美髯公",一句话就拍了两个人的马屁,关羽十分开心,捋捋自己的胡子,笑嘻嘻地把来信传遍荆州朋友圈,必须转!

为了得到别人的关注和欣赏，红色性格最喜欢出风头，他们非常享受自己站在舞台中央，受到众人瞩目的感觉。为此，红色性格不惜炫耀、吹嘘，会刻意和别人保持意见不一致，甚至口无遮拦，保守不了秘密。

孙策和张昭等人讨论，说四海未平，应该多用武力，陆绩年少，坐在末席，大声说："当年管仲辅佐齐桓公，匡正天下，并没有使用战车。孔子说：'远方的人不归附，就修养文德来使他们心悦诚服。'大家推崇武力，我认为不妥。"

董太后是嘴巴藏不住事的红色性格，她想参与政事，总不成功，对着何太后发飙："你现在这么嚣张，不就是有个哥哥嘛！我让董重把何进的头砍下来，易如反掌。"结果可想而知，何进逼董重自杀，董太后恐惧而死。

以下我们举袁绍为例。

袁绍喜欢交朋友、乐于助人、有钱任性。大家都争先恐后投奔他，门前车水马龙，填满街巷。对于受宦官迫害的知识分子，他接济他们，或者帮助他们逃亡。张邈、何颙、许攸、伍琼，还有曹操，都和他要好。

大宦官赵忠嘀咕："袁绍这小子不当官，攒声望，养死士，到底是想干什么？"吓得袁绍的叔叔袁隗把袁绍叫来训斥一番："你这是想让我们家满门抄斩啊！"他这才出来做官，作风依旧不改。

何进死了，董卓上台，依然看重袁绍，和他商议要废掉少帝，另立陈留王。袁绍不同意，董卓以手抚剑，吆喝："你这小子，怎么敢这样！天下之事，难道不是我说了算？我想这么做，谁敢不从？！"袁绍假装答应，说："国家大事，让我回去跟我叔叔商量下。"董卓又说："刘氏一族，不值得留下来。"袁绍勃然大怒:"天下英雄,难道只有你董公一个?"横握佩刀拱手作礼扬长而去,挂印东门,逃出洛阳。

袁绍敢于跟董卓叫板,而暴虐的董卓,居然拿他没办法,不得不考虑到袁家的影响,架不住伍琼、何颙的劝说,拜他为勃海[①]太守。袁绍毫不妥协,在勃海竖起反董大旗,一时四方响应,聚盟酸枣,推举袁绍为盟主。

勃海太小,全靠冀州接济,韩馥对袁绍时好时坏,一会儿派人监视,一会儿少运军粮。谋士逢纪激将:"将军想成大事,靠别人赞助怎么行?"袁绍担心说:"冀州地广人多,兵多粮足,如果打不过,连根据地都没了。"逢纪说:"刺史韩馥才能平庸,可以密邀公孙瓒带兵南下,事出仓促,韩馥必然害怕。我们派人游说,他一定让位,我们就可以趁机占据冀州。"果然,公孙瓒火中取栗,荀谌游说韩馥,问了三个问题:

"宽厚仁爱,心怀广大,为天下英雄豪杰所归心,你比起袁绍怎样?"
"不如。"
"临危不乱,智勇过人,比起袁绍又怎样?"
"不如。"
"世代广施恩惠于天下,比起袁绍又怎样?"
"不如。"

这三问,说出了袁绍的优势,第二问的主题是才能,但面临汉末乱局,勇于拯救士人,勇于杀尽宦官,勇为天下先,首举义旗,更可能是以红色为主色的人才能做得出来的,而第一问宽厚仁爱、吸引人才,第三问广施恩惠、吸引人才都是红色专长。

红色性格的人相信,普天之下,莫非我友。《水浒传》里宋江号称"山东

---

① 勃海:古代郡名。

及时雨""郓城呼保义""孝义黑三郎",就是这个意思。这使得红色性格的人上手很快,在一个陌生的聚会中,最容易融入环境的就是红色性格,作为销售,最能够迅速打开局面的也是红色性格。

袁绍一家四代出了五个正国级,门生故吏,遍及天下,而袁绍自己,有姿貌、威容,声望高,又能倾心折节待客,这种战国四君子好客的作风,也让袁绍成为当时人才的第一选择,帐下猛将如云,谋士如雨。

当时人才的聚集地,首先是黄河以南的豫、兖、徐、青一带,这一带的人士,不选曹操,不选袁术,不选吕布、刘备,偏偏选择袁绍。郭嘉就是从颍川眼巴巴跑到河北,投奔袁绍,觉得他实在不行之后才改换门庭的。伍琼、何颙帮他拿到了割据的第一桶金,许攸追随他一起到勃海,陈琳从京城投奔他而去,这就是红色性格广交天下的好处了。

韩馥是豫州颍川人,他到冀州上任的时候,荀彧就将全族一起从颍川迁到冀州,可以说,颍川系是他的统治基础。当同为颍川系的荀谌、郭图摆明车马要投靠袁绍的时候,韩馥就没有选择了,只好派儿子把印信送来:"我,袁氏故吏,才能不及袁绍,难道不该让给袁绍吗?"

得到冀州之后,袁绍大力扶持冀州本土集团,沮授是韩馥旧部,审配、田丰是韩馥时代不得志的人才,他都能委以重任,这些人对他死心塌地,忠诚毋庸置疑。

袁绍问沮授:"现在奸臣作乱,皇帝漂泊,我世代蒙受皇恩,想要竭诚报国,复兴汉室。然而齐桓公没有管仲不能称霸,勾践没有范蠡就会亡国,你有什么可以教我的吗?"

沮授说:"举兵向东,扫除黄巾;讨伐黑山,剿灭张燕;回师向北,生擒公孙瓒；然后威震匈奴，使之臣服。横跨黄河以北，聚合四州之地，收罗英雄豪杰，拥军百万，迎回皇帝，恢复宗庙，号令天下，谁敢不从？"

这一对话，可以称得上是袁绍版的"邺中对"，可以和鲁肃的"榻上策"、诸葛亮的"隆中对"并举，都是当时最为高瞻远瞩的战略布局。

袁绍依计而行，终于统一河北，坐拥冀、幽、并、青四州（东汉只有十四州），相当于今日河北、北京、天津、山西、辽宁，以及山东大部，成为最强大的割据势力。

◎完美导向——为什么刘备不用赵云攻城略地？

> 蓝色性格的人感情细腻、体贴、忠诚、重诺，追求完美，高标准严要求，比较仔细和谨慎小心；同时，蓝色性格过于挑剔和批判，上纲上线、吝于宽恕、过度计划，容易因小失大、墨守成规，不能随机应变。三国里，王允、荀彧、荀攸、诸葛亮、赵云、周瑜等人都是以蓝色为主色。

蓝色性格以完美为导向。

如果说世上要找出一个没啥缺点的人，这个人必定是蓝色性格。而荀彧可以算是其中一个，什么公平正直、谦虚节俭、通达高雅，这些评价对于荀彧都不算什么，钟繇认为："颜回死后，从不再犯同样错误的，只有荀彧。"司马懿说："一百多年间，没人能够到达荀彧的高度。"傅玄说："行为没有曲意迎合，没有污点。"裴松之称赞他"德行全备，坚守正道，名重天下，无不以为表率，海内英才，奉为宗师"。

为了追求完美，他们谨慎小心，这使得蓝色性格更加靠谱，成为治理国家、组织后勤的最佳人选。

派遣侦察斥候是行兵常识，但徐晃生性谨慎，派出的斥候最远，先让自己立于不败之地，然后投入战斗。等到追击敌人，士兵顾不上吃饭，也不会贻误战机。曹操巡视各营，士兵们都离开队列，来看曹操。只有徐晃军营整齐，将士们一动不动。曹操感叹："徐将军可以称得上有周亚夫细柳营的风范。"

荀彧在许昌而曹操征伐，诸葛亮在成都而刘备伐吴。荀彧、诸葛亮主要职责都类似萧何，留守后方，主持朝廷日常工作。贾诩称："诸葛亮善治国。"刘晔称："诸葛明于治而为相。"

完美可以体现在对工作过程和结果的完美乃至苛刻的要求上，这使得蓝色性格事必躬亲，披星戴月，最后导致过劳死。

诸葛亮身为蜀汉丞相，凡处罚二十棍以上的都要亲自过问。司马懿感叹说："吃得少，管得多，诸葛亮怎么能活得长久呢？"结果大家都知道，诸葛亮把自己给累死了，鞠躬尽瘁，死而后已。

完美也可以体现在对规则的尊重和完美执行上。蓝色性格天性中受到道德、法律和规则的强大束缚，对他们而言，道德、法律和规则，所有人都必须严格遵守。基于道德洁癖，他们立场坚定，不愿妥协。

王允得罪宦官，被冠以罗织罪名关入监狱。杨赐不想让他承受拷打的痛苦和耻辱，派人建议他自杀，王允的下属眼泪汪汪地捧着毒药送给了他。王允高声怒斥："我是大臣，得罪了皇帝，应该处以极刑，来向天下认罪，怎么能自己饮鸩自杀！"说完，扔掉杯子，走上囚车。

性格色彩 品三国

诸葛亮公正严明,奖赏不会遗漏疏远的人,处罚不会偏袒亲近的人,爵位不会授予无功的人,刑罚不因为权贵而免责。

但这也容易走向另一极端,死守规则不能变通。他们不能理解,水至清则无鱼,影响到他们与别人的合作。

益州平定后,大家觉得该论功行赏,建议把成都内外的房屋、田产分给将领们。赵云说:"霍去病说匈奴未灭,何以家为。现在国贼不只匈奴,不可以求安。等到统一天下,士兵回家,才是合适的时候。益州百姓,刚刚经历战乱,归还田产、房屋,安居复业,然后才有人服役,有税可征,得到百姓的欢心。"都这样说了,讲究民心的刘备能不听吗?

街亭兵败如山倒,赵云在箕谷亲自断后,士兵、物资基本完好地带了回来。诸葛亮从中取出剩下的绢布,让赵云分赐将士,赵云说:"军事不利,有什么该赏赐的。请存入府库,等到十月作为冬赐。"

我们这里以赵云为例。《三国演义》中重点刻画了赵子龙一身都是胆,长坂坡七进七出,但真实的历史上,他更显著的特征是忠诚于规则,恪守不渝,从不越雷池一步。

赵云本来跟着公孙瓒四处征伐,当他看穿公孙瓒不是那块料,打算寻求明君,刘备当时也在公孙瓒帐下,倾心结交,但赵云并没有弃公孙瓒而去。直到哥哥死了,这才辞别公孙瓒,按照礼法回乡服丧。刘备知道他不会再回来,握着他的手,劝他不要走,跟自己混,赵云说:"终不能背弃公孙瓒的恩德。"直到官渡战前,才投奔刘备。

在三国那样的乱世,要说良禽择木而栖,改换门庭,实在是再正常不过了，更何况刘备就站在你面前，还放下姿态与你倾心结交。但他依然执着于忠诚与承诺，遵守着规则。从某种意义上来说，蓝色的忠诚既是由于对规则的认可和尊崇，也是由于对自己承诺的忠诚。

赵云宁可绕圈子，也要获得内心的平静。等啊等，直到哥哥死了，这才辞别公孙瓒；绕啊绕，直到公孙瓒死后很久，才羞答答地投入刘备帐下。

博望坡赵云擒获夏侯兰，夏侯兰和赵云本系同乡，打小相知。赵云没有把他留在自己手下，而是向刘备推荐夏侯兰精通法令，出任军法官，既保全了同乡情谊，又免了结党营私的忌讳。

后来在桂阳，投降的太守赵范有寡嫂樊氏，天姿国色，想把她嫁给赵云，赵云推辞："你姓赵，我也姓赵，我们一家人，你嫂子就是我嫂子，你把我嫂子嫁给我，这不坏了规矩吗？"有人劝赵云接受，赵云说："赵范被迫投降，未必心甘情愿。再说，天下何处无芳草？"后来赵范果真逃跑，赵云丝毫不受牵连，大家都说赵云有远见。

我们可以说蓝色性格注重规则，所以规避了风险，但也不妨反过来说，蓝色性格太注重规则，而忽视了人情和政治需要。赵范归顺刘备，内心不安，如果作为刘备侍从、心腹之一的赵云娶了樊氏，也等于表明整个集团的立场，赵范自然会安心，他也就未必想要逃跑。赵云不接受，赵范心里难免会害怕，也就推动了他的逃跑。

黄色性格更注重目标的实现。刘备要娶刘璋的寡嫂吴氏为妻，刘璋是刘备的本家同族，违背礼法，有些犹豫，法正说："你这点关系，比得上重耳娶亲侄的妻子吗？"于是刘备爽快地娶了吴氏，安抚了以大舅子吴懿为代表的刘璋旧部，稳定了益州局势。

刘备入蜀，留下赵云掌管内务。孙尚香骄矜纵恣，还带着吴国的士兵横行不法。只有赵云严肃稳重，才能整治，所以有了这个任命。孙权听说刘备西征，派人迎接妹妹，而孙尚香想带着阿斗一起回东吴，赵云与张飞一起带兵拦截，追回刘禅。孙尚香勃然大怒："你只是帐下一介武夫，安敢管我家事！"不比一干东吴将领在孙尚香面前的唯唯诺诺，他只一句话："夫人要去便去，只留下小主人。"

关羽死后，刘备要讨伐孙权。赵云反对："国贼是曹操，不是孙权。应该先灭魏，而东吴自然归附。曹操虽死，曹丕篡位，应该顺应众心，早日图取关中。不应该把魏国搁置一边，先和吴国交战，一旦开战，短期之内无法停止。"《三国演义》里是这样说的："讨伐汉贼，是公事，报兄弟之仇，是私事，不该以私废公。"刘备不听，却让他留守江州，也就是现在的重庆。

子龙一身都是胆，为啥刘备不拿他攻城略地呢？找几个红色武夫莽汉冲锋陷阵易，找一个蓝色性格的人看家护院难。你看留了张飞看徐州，醉了酒把城池失陷，留了关羽守华容道，放走了曹操*，不靠谱啊。刘备虽然不愿意听赵云的话，但知道赵云靠谱，是个很好的救火队员，东可以接应伐吴大军，西可以威慑安定两川，后来伐吴失利，赵云果然救了刘备一命*。

◎目标导向——"凤凰男"吕蒙和"富二代"陆逊有什么共同点？

> 黄色性格的人自信、行动果断、坚定，推动力强。他们务实，注重于解决方案而非问题，注重于结果而非过程；同时，黄色性格以自我为中心，控制欲强，铁石心肠，缺乏人情，目的性过强。三国里，曹操、刘备、孙权、司马懿、贾诩、马超、吕蒙、陆逊等人都是以黄色性格为主色。

黄色以目标和结果为导向，他们讲究，"不管黑猫白猫，能抓住老鼠就是好猫"。

曹操至少三度颁布求贤令，宣称"唯才是举"，不问德行、不论出身、不讲过程。丁斐贪财，多次收受贿赂，每次都得到宽恕。郭嘉行为不检点，照样获得重用。

不念旧怨，不计前嫌。宛城之战，曹操长子曹昂、侄儿曹安民、亲兵统领典韦死于张绣的叛变，可当官渡战前，张绣投降，曹操握着他的手，欢宴达旦，拜张绣为扬武将军，让儿子曹均娶张绣的女儿，表示不计前嫌。

黄色性格不达目标誓不罢休，为此，黄色性格除了自己，什么都可以放弃，什么都可以牺牲，道德不重要，规则不重要，感受不重要，面子不重要。

刘备的江山，是哭出来的，"遇到不能解决的事情，对人痛哭一场，立即转败为胜"。对黄色而言，哭，不是软弱，有用就行。男儿膝下有黄金，跪都不怕，哭又算得了什么？

孙权在曹操和刘备之间，在联刘抗曹和向曹魏称臣两件事上，有需要就忍耐，有利可图就翻脸，在忍耐和翻脸之间，切换自如。他可以把妹妹嫁给刘备，可以把荆州借给刘备，可以向小字辈称臣，只要有需要，低到尘埃里也无所谓。

然而，他们不重视过往的功劳，不重视感情，不讲究道义，一切以利益为导向，显得心狠手辣、残酷无情。

曹操相信，只有我强大，你才会追随我，如果我不强大，你早该离我而去。而选择是双向的，你有大用，我坑蒙拐骗也要让你为我效力；你成了绊脚石,我也毫不留情把你砸碎。如果对自己的利益产生了妨碍,就算是帐下第一大谋臣荀彧,也不惜送上一个空饭盒,请你自杀。

刘备早年无子,收养刘封为养子。可刘备四十七岁生了刘禅,就没刘封啥事了。刘备担心刘封刚强不驯,一旦自己去世,就无法掌控,于是借口刘封不救关羽、侵凌孟达,导致孟达叛变,逼刘封自杀。

司马师娶了夏侯徽,她为司马家生了五个女儿,可夏侯徽知道司马师父子不是魏国的忠臣,而夏侯徽的父亲夏侯尚、母亲魏德阳乡主,都是曹家人,所以司马师很忌惮她,把她毒死,死时才二十四岁。

以下以吕蒙、陆逊为代表。

十五六岁的时候,吕蒙偷偷跟着姐夫邓当去打仗,邓当发现后,大吃一惊,骂了几句,但拿他没办法。回来之后,向丈母娘告状,吕蒙的母亲很愤怒,要惩罚吕蒙。

吕蒙说:"贫贱的生活难以忍受,一旦立下功劳,就可以取得富贵。不入虎穴,焉得虎子?"这句话,让人想起另外一个黄色的吕不韦,他说:"努力耕田,不能暖衣饱食,拥立国君,可以留下遗产,我干了!"

母亲有点伤心,但也只好由他去了。当时有人欺负他年纪小,说:"这小子能干啥?就像是拿肉喂老虎而已。"吕蒙大怒,拔出刀来把那人砍了,逃亡。有人帮他说话,孙策觉得他不同寻常,就留在自己身边。

邓当死后,吕蒙接替了他的位置。东吴的部队,属于战将个人,战将自行负责粮草、装备,孙权继位后,觉得小将众多,士兵又少,军费也筹措不齐,打算把他们合并。

面对危机，有人看到危险，而黄色看到机遇。黄色的口号是：有条件，要上；没有条件，创造条件也要上。吕蒙借钱采购，给士兵们置办了统一的服装和装备，孙权来视察的时候，吕蒙的部队军容整齐，士兵娴熟，孙权非常高兴，不仅没把他的部队合并给别人，反而增加了他的兵力。

讨伐丹杨、征伐黄祖、参加赤壁之战，吕蒙都立下功劳，特别是做先锋、斩杀黄祖的大将陈就立下首功。

鲁肃认为曹操还在，吴、蜀应该同心协力，同仇敌忾，不能自相残杀。而吕蒙认为关羽勇猛威武，有吞并东吴的野心，决意图谋荆州。孙权又问他取徐州怎样，吕蒙说："徐州是平原地带，利于骑兵纵横，打得下，守不住。不如取关羽，全控长江，扩展势力。"

黄色性格渴望建功立业。顾雍曾经告诫孙权："我听说，蝇头小利，兵法所戒。将领们的建议都是为了自己邀取功名，而不是为国家着想，应该禁止。不能重创敌人，耀我国威，不应该听从。"

黄色性格以目标为导向，就优势而言，可以放长线钓大鱼。司马懿老谋深算，精通一个"忍"字，不争当下长短；过当而言，可能目光短浅，为了达到短期的目标，而忽视长远的利益，黄色性格在意一城一池的得失，却忘了唇亡齿寒的道理。鹬蚌相争，最终得利的，只能是渔翁，如果吴、蜀联兵，未必不能北胜曹操。但自吕蒙起，虽然还有联合，但吴、蜀从来没有在一个频率上过。石亭之战，吴国进军，蜀国不呼应吴国；陈仓之战，蜀国进军，吴国不牵制魏国，终于不得不归于失败。

性格色彩品三国

吕蒙接替鲁肃，初到陆口，表面上加倍礼遇，和关羽结好。等到关羽北攻樊城，留下兵马防备东吴。吕蒙自称重病，推荐陆逊接替自己："陆逊深谋远虑，足以胜任，再说他没名气，不被关羽所重视，是最好的人选。如果选陆逊，应该让他对外韬光养晦，等待时机，然后一举成功。"

和吕蒙"凤凰男"的逆袭相反，陆逊出身东吴豪门，"身长八尺，面如美玉"*，典型的高富帅、"富二代"兼"官二代"，但吕蒙和陆逊在行为上的表现，不因他们出身不同而不同，只因他们都是黄色，所以有太多相同点。

陆逊从小没了父亲，跟着叔祖庐江太守陆康，孙策攻破庐江，陆康病死，宗族百多人，死者将近半数。孙权把孙策的女儿嫁给他，是一种黄色性格的需要。杀父之仇，陆逊还是在孙权帐下任职，而且做了他的侄女婿，更是黄色性格一切以目标为导向的需要。

接任之后，陆逊到达前线，以一个脑残粉的口吻写信给关羽，极尽卑躬屈膝、肉麻吹捧之能事，你的功勋是多么多么伟大，我是多么多么仰慕你云云。

吕蒙、陆逊两个黄色性格，一个装病，一个笑里藏刀，骗得关羽把士兵都调去围打樊城，吕蒙白衣渡江，占领荆州。

吕蒙入城，对关羽及将士家属给予安抚慰问，下令军中不得侵扰百姓，索取财物。部下拿了民家一个斗笠来覆盖官家的铠甲，便以违反军令处死。于是军中震栗，路不拾遗。派亲信从早到晚救济老人，生病的人给医药，饥寒交迫的给衣粮。关羽从前线赶回，吕蒙每次都厚待使者，让他们在城中走动，挨家挨户表示慰问，还写了书信。使者回去，将士们私下探听，都知道家里平安无事，待遇甚至超过平时，于是大家都没了斗志。

滚滚长江东逝水——序篇

燕人在即墨城外，把俘虏的士兵都割掉鼻子，又挖掘坟墓，焚烧死人，因此激起城内士兵的愤怒，田单得以收复齐国。垓下之围，四面楚歌，击伤项羽的士气。吕蒙善待将士家属和使者，关羽也就只好败走麦城了。

如果说袭取荆州主要展现出，对黄色性格而言颜面是没用的，装病、扮嫩、装脑残粉，如勾践服侍夫差、刘邦封韩信齐王，只要能消除戒心，什么都行。那么夷陵之战，主要体现了黄色的坚忍。

刘备攻打荆州，派人出来挑战，耀武扬威，辱骂百端，大家情愿决一死战，陆逊却充耳不闻，只令坚守："一定有诈，等一等。"果然刘备看他们不中计，伏兵八千，从山谷中出来。孙桓为先锋，被刘备围困，向陆逊求救，陆逊说："不可以。"有人说："孙桓是吴王的堂弟，怎么能不救？"陆逊说："孙桓深得军心，城坚粮足，没啥可担忧的。"

大家都认为应该趁刘备立足未稳，一战而胜，而陆逊却耐心等上七八个月，在这种忍让中，刘备犯了和关羽一样的错误：轻敌。他说："我常年带兵打仗，难道还不如一个小孩子吗？他有什么谋略，胆怯不敢应战而已。"*

然后，陆逊乘隙一举火烧连营。忍辱负重，这就是为什么孙权选择陆逊，也是陆逊为什么会战胜刘备。

◎和平导向——为什么鲁肃坚持和刘抗曹？

> 绿色性格的人乐天知命，稳定、耐心、倾听、和谐，不愿意和他人发生冲突；同时，绿色性格安于现状，不思进取，姑息养奸，不负责任地和稀泥。绿色性格以和平为导向，在商场和职场上，他们与人为善，

性格色彩品三国

> 奉行和谐,不愿意跟他人发生冲突,知足常乐,富有同情和宽容,同时他们也容易无原则地忍让和妥协,回避冲突,拒绝承担责任。

羊祜镇守襄阳,筹备灭吴,等到陆抗去世,羊祜建议发兵,遭到反对。羊祜只好感叹"天下不如意事,十有七八",也不曾见他自作主张,擅起边衅。

无论是在《三国志》里,还是在《三国演义》里,绿色性格都很少。《三国演义》里唯一一个以绿色为主色的羊祜出现在最后一回。所以,以红+绿的鲁肃在绿色的一面权作代表。

鲁肃家境富裕,但他认为天下将乱,不治家产,施散财物,赈济穷困,接交士人。

周瑜出任县长,带着几百人专程来拜访鲁肃,请求资助:"土豪,我们做朋友吧。"鲁肃家里有两谷仓粮,每仓四五十吨,够一千五百人吃一个月,鲁肃指着一谷仓粮送给周瑜,轻财重义,慷慨如此。周瑜和小伙伴都惊呆了,两人因此一见如故,所谓"白头如新,倾盖如故",不过如此。

刘晔劝鲁肃投靠郑宝,鲁肃答应了,告诉周瑜。这告诉周瑜,可以算是半推半就的勾引。周瑜引用马援的话说:"当今之世,不只君主选择臣子,臣子也选择君主。"大肆夸奖孙权怎么怎么好,鲁肃又答应了。

于是鲁肃初见孙权,等宾客散去,孙权独独留下鲁肃,共榻对饮,问:"现在汉室倾覆,四方动荡,我继承父、兄之业,想要建立齐桓、晋文的功业。你会怎样来辅佐我?"

鲁肃开门见山:"我私下猜测,汉室不可能复兴,曹操不可能一下子除灭。为将军着想，只有保江东，观察时局，等待机会。如果能趁着北方战乱，吞并荆州，控制长江流域，然后称帝，谋取天下，这是汉高祖的事业。"

刘表死时，鲁肃说："荆州与我国邻接，有山川险阻，沃野万里，士民殷富，如果据而有之，是帝王的资本。现在刘表刚死，儿子不合，军队分裂，各自支持一方。刘备天下枭雄，寄居荆州，刘表嫉妒，不能重用。如果刘备能和他们同心协力，我们就应该与他们结盟，如果他们相互之间不能合作，我们就应另外想办法，夺取荆州。"

可以说，孙、刘联军抗曹，鲁肃首先阐明，这是当时天下大计，决定了此后五十年的三分格局，而且鲁肃先往荆州联络双方，也应该居首功。

赤壁之战后，孙、刘分享荆州，不久，周瑜病死，鲁肃代周瑜领兵。边界上难免各种纠纷，鲁肃每次都安抚下来，保持两边友好，他甚至不惜劝孙权把南郡等地借给刘备共同抵御曹操。曹操听说此事时，他正在写信，吓得笔都掉到了地上。

东吴前后四任大都督，周瑜赤壁破曹，吕蒙白衣渡江擒关羽，陆逊夷陵破刘备，只有鲁肃没有大的战功，这并不是鲁肃不懂得怎么建立战功，这是鲁肃懂得天下大势。孙、刘合，则曹魏不敢南下，而东吴周瑜、吕蒙、陆逊乃至孙权，都把这当作是权宜之计，只有鲁肃，彻底地执行这一战略。在具体执行上，鲁肃和东吴是吃了点亏，借荆州也和他的绿色性格有关。

绿色性格的鲁肃作为老好人和和事佬，周旋于孙权和刘备之间、周瑜和诸葛亮之间，一边不听诸葛亮的把诸葛亮看穿周瑜的种种告诉周瑜，一边不听周瑜的帮着诸葛亮草船借箭，一会儿帮着刘备借荆州，一会儿帮着孙权讨还荆州。在孙、刘夹缝当中，不计较个人得失，缓冲双方的矛盾，消弭双方的摩擦，摆平双方的冲突，努力把两股势力结合在一起。

绿色性格信奉，吃亏就是占便宜。

王夫之说："想要联合孙、刘以进图中原的人是鲁肃，想要联合刘、孙，共拒曹操的人是诸葛亮，二人终生奉守不变。"

"从大策略上讲，周瑜、关羽，都是为了一时的蝇头小利，或得或失，总之都是曹操得利，鲁肃、诸葛亮，都是深谋远虑，不是周瑜、关羽那些人可以理解的。当初群雄纷起，曹操挟天子而割据势力纷纷败亡。没有其他缘故，吕布朝三暮四为大家所痛恨，袁术和袁绍分道扬镳，袁绍和公孙瓒竞争河北，袁谭、袁尚兄弟相仇，韩遂和马超相互猜疑，刘表联合袁绍却坐山观虎斗，都是自寻死路。剩下的只有孙、刘，还要自相残杀，不败给曹操才奇怪。鲁肃、诸葛亮，定交合力，对抗曹操，当时的策略没有比这个更重要了。"

大风起兮云飞扬
——诸侯篇

当机会来临，最敢于尝试、勇为天下先的，大多是红色、黄色或者红、黄组合。**其中红色和红+黄尤其多**，董卓、刘虞、公孙瓒、袁术都是，有时候领先一步就是成功，比如袁绍占有河北四州、孙策扫平江东六郡，可以说都打下了一定的基业。何进、董卓、公孙瓒几个人的缺点都不少，因为犹豫不决，因为敌我不分，因为自暴自弃，所以很快输光了本钱。

袁绍、袁术出身顶级世家，支持者众多，可袁绍因为红色性格优柔寡断，带人、带团队放任自流混淆是非，最终导致官渡之战的失败，拱手将北方让给曹操，袁术同样因红色性格过当，有功不赏，不守承诺，追求一时的快感而放弃长远的利益，悲惨而死。

◎为什么何进大权在握反被宦官所杀？

汉灵帝有两个儿子，何皇后所生刘辩与王美人所生刘协。王美人死后，刘协由董太后抚养。灵帝不喜欢刘辩，觉得他为人轻佻、缺乏威仪，打算立刘协——不得不说，灵帝在这点上的眼光不错——但他犹豫不决，按通常的道理，立长不立幼，所以灵帝很犹豫，到底怎么办？所以他就拖着。

这一拖，没想到自己三十四岁就死了，十四岁的刘辩即位，何皇后成了何太后,临朝听政,由哥哥何进执政。不久,何进先把支持刘协、统领禁军的大宦官蹇硕抓起来杀了,将禁军的指挥权收入囊中,然后逼死董太后。到目前为止,何进都还算按部就班、果断行事,逐个歼灭敌人。

袁绍劝何进乘势把宦官一网打尽,斩草除根。东汉末年三大政治力量,是宦官、外戚和士人(知识阶层)。作为外戚,国舅爷何进联合士人,对抗宦官也是必然。

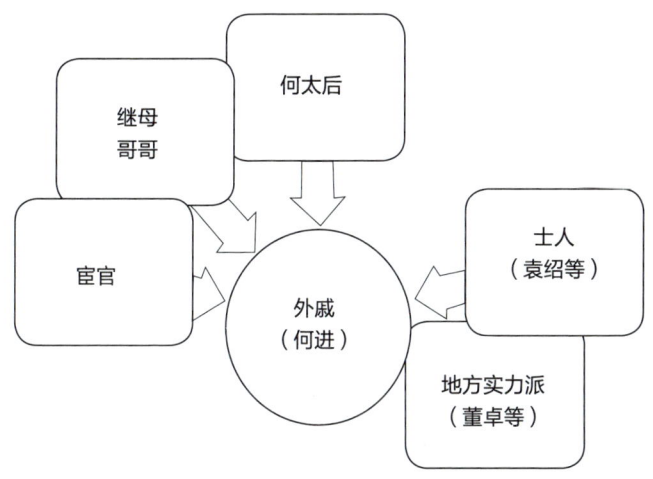

可何太后总不答应,她说:"杀光宦官,我一个妇道人家,成天面对一堆男人算怎么回事?"不仅妹妹,而且继母舞阳君、弟弟何苗也都为宦官说话。何进本来只是一个屠夫,凭借妹妹沐猴而冠,火箭般出任大将军,以前很怕宦官,新当重任,转不过弯来,难以决断,事情久拖不决。

这是第一次犹豫。袁绍又劝何进召地方实力派进京来要挟何太后,于是招来董卓、丁原、桥瑁、王匡,都上书要求杀宦官。

太后还是不答应。想当年,何皇后妒忌心强,毒杀王美人,灵帝一怒之下,要废掉何皇后,是几个大宦官每人出资千万作为礼物,才把贪财如命的灵帝说服。何况宦官也是皇权的一个支柱,少了宦官,何太后就没法对抗哥哥和文武百官。

弟弟何苗又建议与宦官和解,何进更加狐疑不定。接着,何进第二番犹豫。袁绍担心何进改变主意,说:"我们和宦官的斗争,形势已经明朗,事久生变,将军你还要等什么,而不能早点决定呢?"何进一听,也对,于是任命袁绍总管京畿军政,催促董卓等人进京。

宦官们一听到这个消息,纷纷赶到何进那里请罪,任他处置。袁绍再三劝说何进就地处决这些大宦官,可何进总不答应,只命令袁绍派人监视宦官,又让袁术率两百人守卫宫门。

何进第三番犹豫。终于有一天,何进下定决心,进宫面见太后,请求杀尽宦官。其实谁也不知道他是不是真的下定了决心,可已经来不及啦,宦官都是人精,等他出来,指责他忘恩负义,一刀斩于殿前,把人头扔出宫去:"何进谋反,已经处死。"

汉灵帝、何进都是典型的红色拖延症候群。

红色犹豫,事情越重大越犹豫,是因为:

第一,**任务艰巨,自信不足,产生逃避心理**。宦官笼罩政坛这么多年,怎么是我一个屠夫能除掉的呢?前面几个国舅爷梁冀、窦武都失败了,士人领袖陈蕃也失败了,他们都掉了脑袋,我怎么能成功呢?

第二,**照顾人情,顾虑太多,怕得罪上司、同事、下属、亲朋好友**。汉灵帝怕得罪支持何皇后的宦官,不愿早立刘协,何进怕得罪姐姐、弟弟、宦官,不肯早下决心，一步一磨蹭，却在最终酿成大祸。

第三，侥幸心理。要么觉得时间有的是，不要着急不要着急，比如汉灵帝，要么觉得车到山前必有路，柳暗花明又一村，也许事情就自己解决了呢。比如何进。

过往每一次成功的拖延和抱佛脚，都会让红色内心无比喜悦，增长红色内心的侥幸心理；过往每一次的错过时机，又会让红色的自信心遭受打击，发愤图强，可过不了几天又会搁在脑后，如此循环往复。

本质上，红色不肯承担责任，期待别人为自己的人生负责。当姐姐、弟弟、袁绍纷纷都想为他的人生负责的时候，他又不知该听谁的了，听听姐姐、弟弟的，有道理；听听袁绍的，也有道理啊，谁能来帮我做个决定呢？

结果呢，红色的何进，手握大权，却因为三番犹豫、拖延，没有决断，终于把自己害死。

现代社会生活碎片化，职场拖延症越演越烈，坐在办公室，盯着屏幕，不知道该做些什么，逛一下购物网站或者旅游网站，在论坛上发表下意见，然后跟朋友们聊会儿天，再查看下微信朋友圈，点几个赞，啊，该订中饭了，吃什么好呢，恐怕是一些白领的常态。沉迷于电视、游戏或网络不愿意写PPT，错过最后期限，不愿意学习，最终一事无成，不愿意锻炼，身材越来越差，这样的案例，实在是太多。

前面的几个原因，逃避心理、顾虑人情、侥幸心理，同样存在。我从来没写过这个PPT，能写好吗？我这样做会不会得罪人？明天老板忙了也许就把这件事忘了？

性格色彩品三国

黄色目标明确，知道自己要什么，自制力强，知道什么时候该做什么，不太会拖延。蓝色会有拖延，但主要是由于完美主义，左顾右盼，试图考虑周全，**做决定慢**。英国诗人柯勒律治是严重的红色拖延症患者，他的名著《忽必烈汗》《克里斯特贝尔》在动笔二十多年后最终只能以残篇发表，因为他无法把它们完成。而他却批评蓝色的哈姆雷特"由于敏感而犹豫不定，由于思索而拖延，精力全花费在做决定上，反而失去了行动的力量"。但在日常生活中，红色借口自己是蓝色完美主义，迟迟不肯动手的情况更为普遍。

> 那红色怎么办呢？除了意识到拖延症的严重性之外，免除自己的选择是一个好方法，据说雨果在写作的时候，全身脱光，命令管家把衣服收起来，这样他就不能出去散步，只能埋头书案。但更好的方法是找朋友监督，手机运动软件之所以受欢迎，就在于排名，排名就是监督，跑多跑少，一目了然。而且红色乐于成为众人瞩目的焦点，排名对红色很重要。

◎董卓是如何从有志男儿走向暴君的？

混乱之中，董卓带领凉州兵进京，控制了逃难的少帝刘辩和陈留王刘协，不久，又接管了禁军，杀死并州兵的首领丁原，一举成为政权的实际控制人。

董卓收买人心，呼吁为遭受宦官迫害的士人平反昭雪，大举选拔士人，蔡文姬的老爸蔡邕三日之内，连升三级，荀彧的叔叔荀爽更夸张，从开始做官到升任正国级，只用了九十五天。重用周珌、伍琼、何颙，又根据他们的推荐，任命韩馥、刘岱、孔伷、张咨、张邈等士人（包括得罪过他的袁绍）到地方掌管州郡。董卓自己的亲信，反而没人身居要职，只是将、校而已。

可董卓瞅着少帝懦弱、愚昧、轻佻、没有威仪，陈留王仁爱、孝顺、聪慧，决定废黜少帝，改立陈留王，也就是献帝。自任相国，享受"佩剑穿鞋上殿，上殿不用快步走，朝见皇帝，赞礼的人只称官职而不报名字"的待遇——跟开国的萧何和篡位的王莽一样。

袁绍、袁术与曹操决裂后逃亡，董卓居然还想安抚袁绍，任命他为勃海太守，可没料到袁绍依据勃海，举旗反董。韩馥、刘岱等人一到任，立刻掉转枪头，合力讨伐董卓。董卓既痛恨周毖、伍琼出卖自己，又担心他们做内应，于是便将他们一并处死。小说中十八路诸侯讨董卓，有一大半是他自己任命的。

董卓以红色为主色，豪爽、大方、讲义气，很适合做朋友。但他也有红色的很多过当，比如过于理想化而不考虑现实。

他觉得换个好皇帝是为大汉江山考虑，为什么别人却不理解呢？王莽也是如此，他觉得自己代替愁惨的汉室建立升平的新国、实行井田制、禁止奴隶买卖是替天行道，为什么还有人造反呢？大势已去之时，王莽还在说："上天赋予我道德来治理国家，汉军能拿我怎么样！"

红色常常"一厢情愿地想当然"。职场中常见的情况是，我做这些是为公司好啊，为什么老板还要批评我不讲政治呢？我觉得我说这些是对你好，你为什么就不听呢？

再比如喜怒无常，高兴了连升你三级，不高兴了拿你去砍头。崇祯任用袁崇焕，升官重用不说，还赐给尚方宝剑，许诺各个部门，通力合作。一旦犯有小错，加上传闻袁崇焕通敌，立刻将其凌迟处死。

他骤然登上高位后，这些红色过当急剧爆发，对社会造成了极大的破坏，第二色的黄色催化这一进程，加大破坏的力度，而这些，都是红+黄的领导应该极力回避的。

而他最大的毛病，是情绪化。乐嘉老师是这样说的："情绪化"应排名红色性格事业的所有伤害之首。将这个问题提高到如此高度，是因为红色的情绪化，会任由情感来指引和操控事业的进程，当红色决定把自己的未来和人生交给情绪，而不是交给理智来控制时，意味着他们准备"破罐子破摔"。

董卓就是其中的例子。当他平息叛乱时，自我感觉良好，觉得自己力挽狂澜，政权唾手可得，他对自己充满自信，想继续拯救国家。红色就是这样，一件事的偶然成功，内心就膨胀到无限。

殊不知，你可能是最佳销售、策划能人，你可能是人事、财务、服务专家，可当你有朝一日做到总经理，你并不一定有能力统驭全局。这时候，重新认识自己，谦虚和学习是最重要和最优先的。

董卓脑门儿一热，开始废立。废立是件极难的事，总要先大权在握，反对声音渐渐消亡之后才做得成、做得好。放逐太甲的伊尹，那是商汤开国的帝王师，废黜昌邑王的霍光，统揽整个昭帝十三年的朝政，相比之下，董卓只算是拥兵勤王的一个将领而已，不够格啊。

一下子大家都来造反，十八路*诸侯起兵。

一颗玻璃心，立刻破碎。

这是要效仿王莽打算篡位的节奏吗？要篡位，当然是皇帝越傀儡越好，干吗还要换个聪明皇帝呢？选择傀儡，除了年纪要小，当然是绿色的好，其次是红色，容易控制。荆州刘表的两个儿子中，年幼、软弱的刘琮是荆襄系中意的代理人，益州牧刘焉死后，手下赵韪认为刘璋温和仁慈，拥立刘璋为益州牧，是同一个道理。

要篡位，当然是把自己的下属放出去做刺史、太守，掌握地方政权才对，为何反而把这些士人纷纷派出去呢？

我做了这么多牺牲、付出了这么多努力，你们连这都不理解我、相信我吗？难道我不是真心诚意地为了大汉江山吗？

对董卓而言，依赖士人的政策彻底失败，怎一个心塞了得！他从自信心爆棚，一下子跌落到自暴自弃。放弃一切自我约束——反正我想做好，你们也不会好好待我，那么，从现在开始，我想怎么做就怎么做——他现在所能信赖的、所能依靠的，只有军队，他自己带来的凉州兵吞并而来的禁军和并州兵。

一个有志男儿，终于魔化成暴君。

洛阳是东汉两百年的首都，富得流油，董卓放纵自己的士兵抢劫、强奸，号称"搜牢"，趁何太后下葬，将灵帝的陵墓洗劫一空。公主、宫女，说奸就奸，朝廷大臣，说杀就杀，人人不能自保。

董卓又强行把朝廷从洛阳迁到离自己老巢凉州更近的长安，而后火烧洛阳，两百里以内，房屋全毁，没有人烟，连鸡、狗都没了。到长安后，下令清洗不忠不孝的官员和百姓，一律处死，没收财产，被诬告含冤而死的，数以千计，百姓哀号，道路以目。

这一阶段，董卓的罪行，可以说是罄竹难书，从性格角度来说，完全没有章法，所以毛宗岗评论说："是愚蠢强盗，不是权诈奸雄。"

到长安之后，董卓发现没了奋斗目标，转而开始享受人生。

他要求朝廷封他为太师，这是汉朝从来没有的职位——位在诸侯王之上，自己的车辆、服饰和皇帝一样。原来凉州将领不过将、校，现在开始倒行逆施，连侍妾怀抱中的娃娃也封列侯。

他在长安城外修建了"三国第一堡垒"——郿坞，也叫万岁坞，坞墙有十六米高、十六米厚，郿坞的坞墙与城墙厚度相当，却更高些。里面存着三十年的粮食，黄金、白银数以万计，绸缎珍玩堆积如山。他意淫着："成功，可以雄霸天下；不成，躲进郿坞成一统，可以养老。"乱世里何尝有这么便宜的事？万岁坞？红色的白日梦罢了。高纬、陈叔宝、李煜何尝不知道北周武帝、隋文帝、宋太祖要打过来，只是得过且过，不愿意考虑而已。

罪行罄竹难书，终于恶贯满盈，被王允和吕布所杀，夷灭三族。长安官员、百姓都欢天喜地，士兵高呼万岁，百姓载歌载舞，大家卖掉珠宝、衣服，买酒买肉庆贺，街上水泄不通。

红色乐观，给点阳光就灿烂，即使灰心丧气，也常常被新的目标所吸引而转移，但红色不比黄色，一旦压力过大、失败太多、挫折太深，可能会走入极端，变得自暴自弃。其表现大约有两种：要么躲进小屋成一统，要么破罐子破摔，公孙瓒主要是前者，项羽不肯过江东主要是后者，而董卓，大约两者都有，我想当好学生，但既然你们都不让我当，那我就不当了。

公孙瓒击败刘虞，挟持朝廷使者，成为河北最强大的势力，然后一旦和袁绍开战，屡战屡败，退守易京。

大风起兮云飞扬——诸侯篇

突然之间，公孙瓒从巅峰跌落，变得垂头丧气起来。在哪里跌倒就在哪里躺下，公孙瓒在易京周围挖了几十道壕沟，沟内筑起土台，高五六丈，台上有高楼，中间的高台高十丈，存粮四万五千吨，公孙瓒和姬妾们住在里面。

有铁门把关，男人七岁以上不能进入。文书、报告都用绳子吊上去，派妇人练习大声说话传令。疏远宾客，也没有亲信，谋臣猛将，渐渐离心，也不再出去打仗。有人问为什么？他说："过去觉得，我可以平定天下，现在看来，我做不到，不如休兵，耕田储粮。吃完这些粮食，天下大概也有个结果了。"

何弃疗？这种躲进小楼成一统的策略，董卓已经证明过不成功，公孙瓒也不能例外，易京终被袁绍攻破，公孙瓒杀死姐妹、妻子和子女，然后引火自焚。

这是一种意志力的战斗。三十年河东，三十年河西，商场上谁能百战百胜？谁不曾遭遇阴谋、背叛和失败？职场上谁没有遭受一点挫折呢？谁不曾被打入冷宫、坐冷板凳呢？如果因此而自暴自弃，那只有两个字送给你：活该。

> 那我们该怎么办？我们后面会讲到刘备的百折不挠。首先，正心，调整心态，不抱怨，不发牢骚；其次，诚意，在心里彻底抛弃怨天尤人这种念头，心态不正，情绪就会写在脸上，不仅别人看得见，感受得到，更重要的是也会影响到做事；最后，要修身，提升能力，补完缺点，再次出发。

等你走出低谷，你就会发现，那只是你人生旅途的风景。

性格色彩**品三国**

◎为什么王允能干掉董卓却摆不平凉州兵？

王允出身地方官宦家庭，追求大节，有志于建功立业，行事耿直，大有撞了南墙也不回头的气势。

十九岁时，王允在太原太守刘瓆手下任职，宦官赵津横行乡里、为非作歹，王允把他抓起来杀了。皇帝生气了，后果很严重，连累刘瓆下狱而死。王允为刘瓆守孝三年，才回到家乡，重返仕途。太守王球想任命声名狼藉的路佛，王允极力反对，王球想把他抓起来杀头，幸好刺史邓盛把王允召到州里，才幸免于难。

后来出任豫州刺史，发现大宦官张让的宾客与黄巾往来的书信，检举告发。灵帝常说："张让是我爸。"告发有用吗？张让怀恨在心，诬陷王允下狱。

遇上大赦出狱，十几天后再度被罗织罪名关入监狱。杨赐不想让他承受拷打的痛苦和耻辱，派人建议他自杀，王允的下属眼泪汪汪地捧着毒药送给了他。

王允高声怒斥："我是大臣，得罪了皇帝，应该处以极刑，来向天下认罪，怎么能自己饮鸩自杀！"说完，扔掉杯子，走上囚车，后来总算在多方营救下获释，逃亡乡间，直到何进执政，才把他召回来。

后来董卓迁都长安，自己留在洛阳对付东方联军，把大小朝政全都托付给王允。王允虚情假意，曲意逢迎，董卓推心置腹，深信不疑。

董卓打算封王允为温侯，王允不肯接受。士孙瑞说："谦让，要看时机才行。你和董太师一起受封，你这样做，董太师怎么下台？"于是王允接受。

因此王允得以在危难之中扶持王室，暗中串联朝廷官员，结交吕布，终于刺杀了董卓。

王允，蓝色，身怀儒家的信念和理想，一身浩然正气，疾恶如仇，在他眼里，黑白如此分明，从来没有"妥协"两个字。这当然值得赞赏，就算被宦官害死，也不妨流芳百世。

可一个疾恶如仇的蓝色，为什么会对董卓卑躬屈膝、委屈自己呢？

让我们来看看豫让的故事。豫让是智伯的家臣，智氏被赵、韩、魏灭亡之后，他要为智伯复仇，于是他更名改姓，装作服刑的人洗刷厕所，藏着匕首，想要行刺赵襄子，不成功，又在身上涂漆装成生了癞疮，吞炭把嗓子弄哑，在街市上行乞，弄得老婆都认不出他来，然后去行刺。

黄色和蓝色的忍耐力都很强，黄色为了生存和成功，蓝色可以舍生取义、杀身成仁，但如果可以找到复仇或者其他更强大、更伟大的理由和目标，蓝色也可以忍辱负重、苟且偷生。蓝色的司马迁为了理想，毅然接受腐刑，也要活下来完成《史记》。

红色刺客如荆轲，萧萧易水，孤注一掷；蓝色刺客如豫让，忍辱负重，等待时机；黄色刺客则是懂得保护自己。

伍孚（红色）刺董卓，不过一时血气上涌，手无缚鸡之力，却要刺杀凉州军首领，穿着小铠甲、挟着小佩刀，没有计划，只等董卓露出破绽，勇气诚然可嘉，但失败也在必然之中。董卓问他："你要造反吗？"伍孚理直气壮，大声回答："你不是我君主，我也不是你的臣子，哪来造反这说法？"

而生死关头，黄色觉得，"君子报仇，十年不晚"，没了命，还报什么仇啊，投降没关系，保命才是最重要的，才有机会报仇。至少，黄色不愿做无谓的牺牲，他可以死，好歹要杀一个保本嘛。

曹操要行刺董卓*，先得安排退路，找王允要来七宝刀，你说这行刺，啥刀不行，非要宝刀干吗？原来是预备了退路，一旦有危险，立刻改为献刀："我有一把宝刀，献给恩相。"你可以死，我不能死，就算不杀你，我也不能死。

刺杀董卓的成功，可能是东汉政权延续的最后一次机会。本来王允性情刚直，疾恶如仇，董卓凶残，所以曲意迁就，低声下气，暗中图谋。董卓一死，他被胜利冲昏了头脑，天真地认为事情已经圆满解决，不可能再出什么娄子，他又回到他的愣头青风格，主持正义、坚守大节，不妥协，没有变通和权宜之计。

本来吕布一句"奉诏讨贼臣董卓，其余不问"已经让大家安定下来，可王允把奉承、依附董卓的人，统统下狱处死。蔡邕深受董卓的器重，有感叹惋惜之意。就这一声叹息，王允勃然大怒，指责说："董卓是国家大贼，你受国家大恩，没有倒戈帮忙就算了，现在他死了，居然还在惋惜？"于是，蔡邕死于狱中。

王允不懂得，政治固然需要理想主义的狂飙突进，但也需要现实主义的妥协渐进。

蓝色有信念，不妥协，值得敬佩。你在太原做一个官员，想要舍生取义，最多也就是拖累自己的长官送了命，但当你成为中央政府的执行人，政策僵化，没有回旋余地，连带躺枪的，可就是全天下的百姓。**如何在维护原则和达成妥协、灵活变通之间取得平衡，游刃有余，是蓝色的必修课。**

董卓虽死，但部将李傕、郭汜、张济都各自领兵在外，他们多是凉州人。王允打算网开一面，大赦天下，却又疑心："这些人没有大罪，只是跟随董卓而已。如果把他们称作逆贼再加以赦免，会让他们产生疑虑，没法让他们安定下来。"

打算解散凉州兵，有人劝："如果解散他们的军队，必然人人自危。不如任命皇甫嵩为将军，统率凉州兵，慢慢安抚。"王允说："东方的义军，都是我们自己人。如果留下凉州兵，义军会生疑心。"

王允患得患失，顾虑重重，这种纠结之间，就产生一种流言，说王允要杀尽凉州人。凉州将领本来打算各回各家，见这种情况，人人自危："蔡邕不过是和董公亲近，受到牵连。现在既不赦免我们，又想解散军队。一旦解散，我为鱼肉，人为刀俎。"

于是，李傕、郭汜等人只好破釜沉舟，合谋叛变，攻破长安，吕布逃走前招呼王允一起，王允说："得到上天的保佑，安定国家，是我的心愿。不能如愿，以死报国。天子年幼，赖我行政。临难苟且偷生，我不忍心。替我感谢东方起义的诸公，勤力报国。"

曹操杀死吕伯奢一家后，陈宫心想：我以为曹操是好人，弃官挂印跟随他，原来是个狼心狗肺之徒！今日留他，必为后患！拔剑要来杀曹操。正要下手，又转念一想：我为了国家，跟他到此，杀他不义。于是不等天亮，独自离去。

宋晶路写过一段极精彩的话："从中牟县到吕伯奢家，两人矛盾的性格通过短短几段对话就表现得淋漓尽致。陈宫想干大事业又怕背上恶名，佩服曹操雄才伟略又害怕他心术不正，觉得应该杀掉曹操早除祸患又投鼠忌器，陈宫为我们展现了什么叫犹豫不决之后的毅然决断和毅然决断之后的犹豫不决。"

红色犹豫是左顾右盼，蓝色纠结是思前想后。红色犹豫，朋友甲说A好，朋友乙说B好，红色就不知道怎么选男朋友了，蓝色纠结，更在于内心的纠结，泰戈尔和安娜互有好感，泰戈尔很想表白，但一想到即将背井离乡，流年似水，就无法鼓起勇气。码头临行，泰戈尔只会说："安娜，再见，珍重！"竟成永别。泰戈尔也就只能吟唱："世界上最遥远的距离，不是我就站在你面前，你却不知道我爱你，而是爱到痴迷，却不能说我爱你。"

职场上的蓝色纠结也是如此，如果实行区块管理，全国如何才能协调？如果实行垂直管理，各地相关部门会不会打架？如果我要这样重组，好处是1234，但会不会不太照顾甲的面子呢？如果我那样重组，好处是5678，可乙会不会有意见呢？优势是考虑周全，一旦行动，效果有保障，可过当是一纠结三五年，黄花菜都凉了。

红色做决定快，随时跟上环境变化，可今天区块管理，明天垂直管理，底下的人疲于奔命，都跟不上他的脚步；黄色做决定也很快，而且一旦决定不轻易改变，执行力强，但不注意人情感受，可能因为调整而人心涣散，分崩离析；绿色很难下定决心做改变，他希望萧规曹随，沿着既定路线前进，但时势变异，哪有千年不变的可能呢。

◎为什么以德服人的刘虞最终失败？

刘虞，汉朝宗室。出任县令，县境之内没有盗贼不说，连天灾都没有，邻县蝗虫铺天盖地，就是不飞进刘虞的县界里。有人因病辞职回家，同乡有争议，不去官府，只找刘虞评判，不管输赢，都服从而没有怨恨。有人丢了牛，和刘虞的牛很像，就以为是自家的牛，刘虞让给他，后来这人的牛找回来了，才归还给刘虞，向他认错。

张举、张纯等人联合乌桓（北方少数民族），在幽州叛乱，刘虞受命出任幽州牧。刘虞以柔克刚，不仅没有整兵备战，反而实行裁军，善待百姓，准许乌桓通商，断掉敌人的后援，不久，张举逃亡、张纯被属下所杀。刘虞晋升正国级。

以前幽州是个吃补助的穷边区，刘虞督促农耕，开放边境贸易，发展盐、铁经济，幽州面貌一新，从青州、徐州来避难的人有一百多万。

这可以算是以德服人了，所以刘虞在北方极有威信。董卓占据中央，袁绍、韩馥商议，声称献帝不是灵帝的儿子，又受制于奸臣，天下人不知道该听谁的，刘虞是宗室，又有民望，打算拥戴刘虞为帝。他俩派人去见刘虞，刘虞把使者大骂一顿，拒不接受。袁绍又打算另立政府，请刘虞主持，来对抗董卓政府，刘虞说："如果你们再逼我，我就跑去匈奴那里了。"袁绍、韩馥只好作罢。

公孙瓒是刘虞的手下，公孙瓒崇尚武力，志在扫灭乌桓，刘虞主张安抚招降，两人因此不和。公孙瓒和袁绍作战，刘虞不喜欢公孙瓒穷兵黩武，所以坚决不许出兵，限制粮草供应。公孙瓒呢，不听指挥，搜刮百姓不说，还抢去刘虞赏赐乌桓的财物。刘虞请他，他也称病不来。刘虞上书朝廷，举报公孙瓒暴虐掠夺，公孙瓒又反告刘虞克扣粮饷，两人相互诋毁攻击，朝廷也拿他们没办法。

两人的积怨越来越深，最后因为迎接献帝的事情闹崩，刘虞率兵十万攻打公孙瓒。刘虞战前告诫将士："不要伤害他人，只杀公孙瓒一人就够了。"而且爱惜民房，不许放火。公孙瓒呢，挑选勇士几百人，乘风纵火，实行突袭，横冲直撞，居然大胜，活捉刘虞。

公孙瓒诬蔑刘虞想当皇帝，当时大旱，公孙瓒先在集市中问天："如果刘虞当为天子，上天应该降下风雨相救。"没见下雨，于是把刘虞斩了。

性格色彩品三国

刘虞以恩惠得人心，无论是当地百姓，还是四方流民，无不痛惜。

红色从内心深处想讨好所有人，但自己却不知道，其实你不可能让所有人说你好，尤其当利益发生冲突的时候。袁绍、韩馥找上门来时，刘虞一面痛骂使者，一面依旧和袁绍他们联合，一面又把儿子派去见献帝。

红色注重人际关系的另一面，就是回避冲突。刘虞不想和公孙瓒闹翻，可又无力管束。两人的情况，可以说是秀才遇上兵，有理说不清。秀才，或者冬烘先生，往往是指红色，好听点说是以德服人，不好听点叫迂腐，以刘虞为代表。而兵，往往是指红+黄，可以以张飞、公孙瓒为代表。

朝廷拿他们没办法，可以说是地方偏远、势力不及，可刘虞好歹是上司，居然拿公孙瓒也没办法，不得不归结于刘虞的性格。

只杀公孙瓒一人，又不许放火烧民房，从爱民如子的角度来讲，当然没有错，但秀才不懂事急从权，所以，俗话说"秀才造反，三年不成"。君不见后来司马懿取孟达，速战速决，而建文帝先把燕王朱棣的几个儿子放了回去，然后又下令军中，不得杀死燕王，终于惨败。

刘虞的失败，是仁义的失败。宋襄公的仁义，绝不是蠢猪式的，兵不血刃解决张举、张纯，就是明证，但每次的情况不同，**只有红色的仁义，没有蓝色的法制和黄色的手段，是要不得的**，一次两次可以过关，并不意味着幸运永远在你这边。

红色仁慈、爱人、宽容，往往是个好上司，但正因为这些优势，碰上一个难缠的员工，红色往往束手无策，不知道该怎么办。一个员工处理不好，其他员工就会有样学样，结果，团队就变成菜市场，每个人都敢拿捏软柿子。

> 红色不能总当老好人，该下手就得下手，该讲法制就得讲法制，该用手段就得用手段。手下人做错了事就该批评，后果严重的就该惩罚，如果你做不到，就等于宣告天下，无论你态度如何、成绩如何，都不会有任何后果。既然如此，那谁还会好好干呢？结果，就是团队的失败、所有人的失败，这也有违红色仁慈的本意。

◎ 为什么孙策、周瑜、鲁肃纷纷弃袁术而去？

袁绍、袁术是亲兄弟，袁氏是当时有名的世家大族，四代之内，五人官至正国，按当时的规定，皇帝的诏书没他们签字也不能下发执行。

袁家的门生故吏，遍及天下。袁绍、袁术兄弟的母亲死后，从全国各地赶到汝南来参加葬礼的有三万人——占当时全国人口的万分之五，而当时的交通，也远没有现在便利。

何进很看重他们兄弟俩，何进中计被杀，危难之际，是他俩领兵杀入皇宫、杀尽宦官，为何进报仇。到了各镇起兵联军反董，有公孙瓒、孙坚、曹操，董卓都不放在眼里，单单说："关东大势，只要杀死二袁，天下自然归附。"

这话也没错，反董之后，关东就是两个集团的远交近攻：袁绍、曹操、刘表集团对袁术、孙坚、公孙瓒集团。

可以说，两人的起手牌，是汉末乱世之中最好的，但好的开头，不等于好的结果。

性格色彩 品三国

孙坚与袁术，是半同盟半依附关系，讨伐董卓，孙坚大破董军，杀死华雄。有人离间，对袁术说："如果孙坚攻克洛阳，就不会再受我们控制，这是除狼（董卓）而得虎（孙坚）。"袁术傻傻地不再给孙坚运军粮。

孙坚连夜骑马飞奔百余里，在地上画地图，和袁术争辩："我之所以奋不顾身，出生入死，上为国家讨贼，下为将军复仇。我孙坚和董卓并没有杀亲之仇，而将军你却听信谗言，猜忌于我。"袁术很窘迫，当即调拨军粮。

孙坚死后，孙策依附袁术。对袁术来说，孙策是个难得的人才，他也看好孙策，常常感慨："我要是有孙郎这样的儿子，死而无憾。"

然而，袁术先许诺让孙策当九江太守，结果却委任了陈纪。又派孙策攻打陆康，说："先前错用陈纪，常常悔恨。打下庐江，太守的位置就真的归你了。"正好孙策从前在陆康那里吃过闭门羹，早有积怨，就带兵去了。等攻克庐江，又不兑现，让老部下刘勋去接管，孙策越发失望，最后找借口离开，独立发展。

三国末年，人才是第一生产力。袁术身处汉末人才中心的河南，曹操、刘备不必说，吕布有陈宫、张辽，张绣也有贾诩，孙策、周瑜、鲁肃也曾在袁术帐下效力，可他们纷纷离去，首要的原因，就是袁术有功不赏，不守承诺。

红色的项羽也犯过类似的错误。韩信说他的缺点，有一条就是"如果有人立下功劳，应该封爵，项羽把玩印信，把棱角都磨平了，还舍不得给人家"。后来王陵总结说："项羽妒贤嫉能，打了胜仗，不论功行赏，夺得土地，不分给功臣，所以失去天下。"又要马儿跑，又要马儿不吃草，人心怎能不涣散？所以韩信、陈平都离他而去。袁术不仅不封赏，还找人摘桃子，更是等而下之。

红色喜欢吹牛，夸大其词、信口开河能够帮助红色获得关注，吹牛再进一步就是拍胸脯保证，轻易地许下诺言，红色在许诺的时候也许无比相信自己能做到，可这些诺言很可能一文不值。不守承诺，就是人格破产，你能叫几次"狼来了"呢？

领导要有威信，首先得说话算话，君无戏言，所以周成王桐叶封弟。

曹操从来不抢功劳，荀彧是曹操第一谋士，曹操把他比作张良，多次上书，为荀彧请封，把他和姜尚、萧何并称，承认"我比不上他"。荀攸则随军出征，曹操上书，说："这些年打的胜仗，都是荀攸的计谋。"曹操出征遭遇大后方兖州叛乱，多亏程昱保住三城，力挽狂澜，曹操握着程昱的手："不是你，我都无家可归了。"徐晃解樊城之围，曹操把他比作田单、孙武，出城七里相迎，巡视诸军，又称徐晃有周亚夫之风。

蓝色更愿意分清楚该谁的功劳算谁的，而黄色知道不管是谁的功劳，都是你们老板我的业绩。对于这些功劳，曹操绝不据为己有，能不使人忠心耿耿、死心塌地吗？而这，不正是黄色要达到的目标吗？韩非子说得更明白："（君）主卖官爵，臣卖智力。"

官爵或者职位不是唯一的工具，每个人的需求不同，有人求名，有人求利，有人求尊重，有人求发展，有人求子孙福报，有人求精神享受。《三略》上说："礼节隆重，有智谋的人就会投奔而来，俸禄优厚，有义气的人就乐于轻死效力。"大家劝刘秀即帝位，刘秀再三推辞，耿纯进言："天下英雄归附于你，是有所期望。如果你不同意，大家就要散伙各找各主，不会再追随你了。"刘备不肯称帝，诸葛亮就举出这个故事来说服刘备。

> 通常而言，加薪、升职人人喜欢之外，红色更看重名誉奖励，月度、季度、年度的明星员工甚至即兴的夸奖就很有效，越多人夸奖效果越好；蓝色更看重实质上的肯定，奖励时一定要说明到底哪里做得好，否则他觉得你在敷衍；黄色最好的奖励是更大的项目、更大的职权。如果反过来，红色刚刚完成一个项目，想休息一下，你却按照黄色的需求给他一个更重要的任务，红色可能觉得你是在故意整他呢。

◎为什么最早称帝的袁术最先灭亡？

袁术割据淮南，四处群敌环伺，可他却打算登基坐天下。他有各种神奇的理由，他觉得皇帝轮流做，今年到我家。汉室没落了，应该轮到四世五公、势倾天下、百姓归心的袁家来领袖天下，而我袁术是根正苗红的袁家继承人，受到神秘预言所指引，又抢来了传国玉玺。综上可证，非我袁术不可啊。

幕僚反对说，周文王三分天下有其二，尚且臣服于殷商。明公你虽然世代高官，还不及周室当初的昌盛，汉室虽然衰败，却没有殷纣那样的暴行。

但袁术不听，觉得单方面宣布称帝，过把瘾就死也行。于是成为众矢之的，曹操要来打他，本来要结亲家的吕布也翻了脸，内部潜流也因此集中爆发，领兵在外的孙策写信指责他的九大罪状，借机发难，获得独立。好朋友陈珪也写信和他绝交。

结果，袁术先破于吕布，后败于曹操，投奔老部下雷薄，吃了闭门羹。走投无路之际，当时盛夏，想喝蜜水。粮草都没了，哪来的蜜？袁术坐在床上，叹息良久，大叫："袁术就到了这种地步吗？"呕血而死。

卿本佳人，奈何为贼。大家都是傻子吗，有皇帝不做？称帝打破了"潜规则"，树大招风，枪打出头鸟，不正是如此吗？"高筑墙，广积粮，缓称王"，就是做好战备，累积粮草，不争当下长短，不做带头人，避免被广大群众的乱拳打死。

项羽分封诸侯，自称西楚霸王，但他不愿意臣服在傀儡义帝的名下，把他迁往郴县，派人在途中把他杀死，被刘邦抓住辫子，成为罪状之一，最后兵败乌江。而朱元璋淹死韩林儿，是在他消灭了陈友谅、围困了张士诚，已经不需要小明王这张招牌的时候。

其他人难道是觉得当皇帝没面子吗？当然不是。袁绍是等到击破公孙瓒，统一河北之后，才露出一点苗头，指使部下吹吹风制造舆论，风向不好也就作罢。部下想拥戴张鲁为汉宁王，阎圃说："汉川户口十万，土地肥沃，地势险要。辅佐天子，可以成为齐桓公、晋文公，稍次也比得上窦融，不失富贵。一旦称王，必然会惹来灾祸。"孙权劝曹操早日称帝，曹操把信给大家看："这是要把我往火上烤啊。"至死也不称帝。

相比之下，曹操磨过整个建安二十五年，平定北方军阀势力的同时，时不时杀几个汉室的老臣，提拔些自己的亲信，封公、受九锡、建尚书六卿官署、封王、设天子旗帜，一点点引蛇出洞，聚而歼之，也一点点消磨掉中间派的勇气。司马一家历经司马懿、司马师、司马昭，十七年间，废过皇帝、杀过皇帝，平定过三次寿春叛乱，到司马炎才代魏称帝。

而李自成败于清与吴三桂的联军，回到北京，不花时间整理军务，却迫不及待登基称帝，第二天就匆匆忙忙逃往西安。而吴三桂也是在军情不顺的情况下，在衡州称帝，五个多月之后一命呜呼，难道真的是过把帝王瘾就死也好吗？

从性格的角度来讲，黄色天生注重实际而不是名义，先获取实际的利益，名义就能水到渠成，只要对目标有利，缓称王，就算不称王都没啥大不了的。对红色来说，他们太渴望得到别人每时每刻的赞美，太追求每时每刻的快感，即使有损于自己的信用，即使有损于最终目标，也绝不放过一点掌声、一丝快感。

红色对关注、认同和掌声的盼望与生俱来，当他们有些许成功，吸引到赞美之后，他们有可能不甘心投入更多的时间和精力，来获得更高的奖赏。他们更愿意走捷径，更愿意晃荡自己的半瓶醋，他们觉得，活在当下，开心就好，至于将来怎么样，谁管呢？

他至死也没搞明白，把他推入死亡深渊的，正是自己红色性格的过当。

◎为什么袁绍没有乘曹操东征偷袭许昌？

袁绍帐下良臣勇将众多，战胜公孙瓒，统一河北，然而他却在这个过程中逐渐输掉了自己对曹操的优势。

拥立刘虞VS承认献帝

袁绍要拥立刘虞为帝，可以说是个好办法，至少不坏。可一旦曹操、袁术反对，刘虞不同意，这事就这么停了下来，无疾而终。

而曹操很坚决地说："你们向北效忠刘虞，我一个人向西忠于皇帝。"他也最早派人向献帝输诚效忠，因此和献帝保持了良好关系。

奉迎天子VS不迎天子

献帝跑到山西，沮授出主意说，现在我们大致平定冀州，兵强马壮，百姓拥护，应该派人迎接皇帝，在邺城建都，挟天子而令诸侯，号令天下，谁敢不从？

郭图、淳于琼反对："汉朝已经病入膏肓，谈什么复兴王室，这不是太难了吗？现在的形势，就是天下逐鹿，胜者为王。把皇帝接来，是听他的呢，还是不听他的呢？这不是自己找不痛快吗？"

沮授说："不早决定，就被人捷足先登啦。"袁绍不听。

几个月后，曹操也打算前往洛阳迎接献帝，部下都认为："周边并未平定，挟持天子的韩暹、杨奉也不这么容易制服，只怕有人趁火打劫。"

荀彧说："现在这个时机，迎回皇帝有三大好处：顺从民心、使天下心悦诚服、招揽人才。现在不决定，等到别的势力生出这个念头，再费尽心机，也来不及了。"

于是曹操亲自前往洛阳，把献帝迎回许昌，关中一带都归附曹操，下达的诏书当然不合袁绍的心意，甚至还把袁绍拎出来指责一通，袁绍追悔莫及。

先图谋曹操VS先扫清河北

统一河北是预定的策略，但当形势改变，曹操迎回献帝，打算挟天子以令诸侯的时候，策略是否应该随之改变呢？

袁绍先派使者去见曹操，要他把献帝迁往靠近自己的甄城，可谁会把到嘴的肉给吐出来呢？田丰建议："应该早日谋取许昌，迎接天子，假托诏书，号令天下，这是上策。"袁绍不听，向北进攻公孙瓒。

袁绍虽然统一河北，但同一时间，曹操凭借两次英明决断，破袁术、灭吕布，基本扫清河南、淮徐一带，赢得了宝贵的时间，袁绍对曹操，河北对河南，北方的决战不可避免地降临。

持久论VS速胜论

袁绍手下大体上是两种意见，持久论和速胜论，持久论以沮授、田丰为代表，速胜论以郭图、审配为代表。

沮授主张持久战："我们刚刚打败公孙瓒，连年征战，百姓困苦，仓储匮乏，不可动兵。应该重视农业，休养生息。多造船只，制作兵器，分派精骑，骚扰曹操边境，让他们不得安宁，我们以逸待劳，坐拥天下。"

郭图、审配主张速战："以明公你的神武，率河北的精兵，讨伐曹操，易如反掌。"

沮授说："胜负不在于强弱，曹操拥戴天子，法令严明，士兵精炼，不如采取稳妥的办法。"

郭图、审配则说："不接受上天的赐予，就会反受其害。太过持重，就不能随机应变。"

袁绍接受郭图的意见。

偷袭许昌VS放弃机会

刘备叛变,曹操亲征徐州,田丰说:"争夺天下的,是曹操。现在曹操攻打刘备,战事不会马上结束。我们派兵袭击,一举平定曹操的后方,这是个好机会啊。"

袁绍偃旗息鼓:"我最喜欢的小儿子生病垂危,我还有心情讨论这个吗?"田丰举杖捶地:"这种难得的机会,因为这种事放弃。可惜啊可惜,大势去矣!"

同时,曹操的将领们也在担心,曹操说:"刘备,是人杰。现在不除,必为后患。袁绍空有大志,遇事踌躇不决,一定不会行动。"郭嘉支持:"袁绍多疑,不会速攻。刘备新起,人心未附,可以速胜。"于是东征刘备。

持久战VS速胜论

前面袁绍接受郭图的意见,主张速胜,速胜当然要速攻,可直到曹操攻破刘备,袁绍终于慢吞吞地开始打算进军许昌——动作可真慢啊!

田丰说:"现在许昌不再空虚,曹操善于用兵,变化万千,兵马虽少,不可轻敌,不如打持久战。凭借黄河天险,拥有四州民众,对外广交天下豪杰,对内注重农业生产、操练兵马。派遣精锐,组建奇兵,轮番出战,骚扰河南。实行游击战术,救右则击左,救左则击右,让敌人疲于奔命,百姓不能安居乐业,不出三年,可以轻而易举战胜曹操。放弃必胜的策略,只想决一雌雄,万一打了败仗,后悔也来不及。"

沮授也说:"河北兵多,但不及对方勇猛,利在持久,曹军精良,却粮草不足,利在急战。只要我们采用拖延战术,他们就会不战自败。"

袁绍也不听,发布檄文,宣布讨伐曹操。

袁绍的失败和曹操的胜利,当时也为很多人所预见,这一点,杨阜看得最清楚。他受凉州军的委托到许昌,回到凉州后,大家都问他:"袁、曹谁胜谁败?"杨阜只说了两点:"袁公宽厚而缺乏明断,有谋略却迟疑不决,不明断,就没有威信,迟疑不决,就会错过时机。"

部门之间、下属之间,对于同一件事情肯定会有不同的看法和意见,太正常了,没有才奇怪,只要老板能听取、懂取舍,会拍板、拍对板,就不是问题。可每当谋士们吵得天翻地覆时,袁绍就没了主意。这时候,他最擅长的就是不作为。有人反对立刘虞啊?那就不立。有人反对迎接献帝?那就不接。有人反对改变策略先打曹操?那就还是对付公孙瓒好了。偷袭许昌?抱歉啊,我小孩生病了,家人反对我出门。

当断不断,反受其乱。从根子上来说,红色怯于承担后果,但他没想过,机会如电光石火,稍纵即逝,迟疑,本身就是一种决定。而黄色不是没有疑虑,但黄色知道要决断。从实践中说,红色不喜欢束缚和约束,他们不愿事先规划,而乐于随机应变,他们喜欢临时抱佛脚,觉得车到山前必有路,所以选择太多的时候,他们更倾向于按兵不动。

红色老板优柔寡断、犹豫不决,看似对现状不会产生迅速、立刻的影响,但会产生长远的不利影响,在这一点上必须学习黄色的当机立断。

表面上看起来,每次不作为都不会产生即刻、致命的影响,都可以被挽回,但从长远而言,这样每一次迟疑、延误和耽搁,累积起来就无可挽回了。

相对于红色的袁绍优柔寡断、犹豫不决、昏招迭出、屡次错失良机，而黄色的曹操英明果断，迎回献帝，扫平河南，赢得了决战的本钱。

> 作为老板，必须能够倾听意见，要有主张和决断。从善如流并不等于言听计从，应该有独见，该听进去的就得听，不该听的也万万不能听，该拿主意的时候要拿主意，该拍板的时候一定要拍板。这一点，黄色天生具备，而红色和绿色最差。

◎为什么袁绍兵多将广却在官渡失利？

袁绍的优柔寡断，也涉及袁绍内部的政治斗争。袁绍手下，主要是颍川系和冀州系。

颍川系——荀谌、辛评、郭图、淳于琼，都出自颍川；许攸，出自南阳。
冀州系——沮授、审配、田丰、张郃，都出自冀州。
中间派——逢纪，出身不详。

官渡之战的开初，袁绍的布置是：沮授为监军，类似《三国演义》中诸葛亮的军师角色，田丰、荀谌、许攸为谋士，审配、逢纪留守，颜良、文丑为将帅。

郭图无中生有："沮授监管内外，威震三军，权力太大，不好控制啊。臣下的权力，和君主一样，那是忌讳。"袁绍生了疑心，把监军职权分割，设立三个都督，由沮授、郭图、淳于琼各自统率一军。

持久论以沮授、田丰为代表，速胜论以郭图、审配为代表，我们已经讲过。值得注意的是，田丰建议趁曹操东征刘备袭击许昌，主张速胜论的郭图、审配一言不发，为什么？主意是田丰出的，所以不能支持。如果说前面还是意见之争，到这时候，就是派系之争了。

沮授临行，把家产分给族人，说："虽然我们能够战胜公孙瓒，但将士疲惫，将领骄纵，主上奢侈，军队失败，就在此一战。可悲啊！"渡过黄河，沮授临河而叹："主上骄傲自大，将领贪功好进，悠悠黄河，我再也回不来了。"这话传到袁绍的耳朵里，于是袁绍解除了沮授的兵权，把他的士兵交给郭图负责。

袁绍不加控制，歪风邪气越演越烈，终于发生了两件扭转局面的大事。

第一件，许攸投奔。

荀彧预言过："许攸贪婪、不能约束手下，审配、逢纪留守后方，一旦许攸家人犯法，必定不会轻饶，不轻饶，许攸一定会叛变。"后事果如所料。

曹操喜出望外，来不及穿鞋，光着脚跑出来迎接许攸，拍手大笑："许攸你来，我的大事可要成功了。"许攸说："袁军粮草，都在乌巢，防备不严。派遣轻兵偷袭，出其不意，烧毁积蓄，袁军自败。"

许攸的叛变，直接导致了乌巢之战，大家都知道，乌巢之战是官渡之战的胜负手，官渡之战是袁、曹战争的转折点。

第二件，张郃降曹。

曹操袭击乌巢，袁绍对儿子袁谭说："就算曹操攻破乌巢，我去打破他的大本营，让他无处可归。"张郃建议先紧急援助乌巢："曹操精兵来袭，必能击破淳于琼，一旦粮草被毁，大势去矣。"郭图则建议围魏救赵，攻破曹操大营，张郃又说："曹营坚固，不能马上攻克，还是先救淳于琼。"袁绍不听，命轻骑救援，而命张郃重兵攻击曹操大营。

等到乌巢失利，郭图惭愧自己出错了主意，把责任推给张郃："张郃看到我军的失利，自以为有先见之明，幸灾乐祸。"这句话传到张郃耳朵里，张郃无路可走，只好投降曹操了。

冀州系的审配在后方打击颖川系的许攸，而颖川系的郭图则在阵前诬告冀州系的沮授、张郃，导致了官渡之战的失败。

大战之前，田丰多次建议持久战，袁绍认为田丰扰乱军心，把他抓了起来。战败之后，有人对田丰说："你一定会得到重用。"田丰说："袁公外示宽容，内心猜忌。如果打了胜仗回来，还可能会赦免我。打败了怨气冲冲，嫉恨之心必然爆发，我没机会活下来。"

当时袁绍将士捶胸顿足："如果田丰在，一定不会打败仗。"袁绍也很惭愧，中间派的逢纪捕风捉影："田丰听说主公兵败，拊掌大笑曰：'果不出我所料！'"于是，袁绍下令将田丰处死。

虽然袁绍因为优柔寡断，被曹操抢了几次先手，但袁绍的实力，依然远超曹操。甚至白马之战折了颜良，延津之战折了文丑，到乌巢之战以前，袁绍依然占有优势，战后曹操搜出大量许昌官员以及军中将领和袁绍暗中往来的书信，就足以证明。

而袁绍作为红色老板，对两个集团的党同伐异采用了放任自流的做法，混淆是非、猜忌心强，导致许攸、张郃极度缺乏安全感，一有风吹草动，便立即投降，最终导致袁绍全军溃败。而听信逢纪，处死田丰，抹去了自己最后一点希望。

金无足赤，人无完人，你的下属，当然各有各的毛病，荀彧指出过袁绍帐下，田丰刚烈而容易冒犯袁绍；许攸贪婪而不能约束部下、家人；审配专断而无谋；逢纪果敢而刚愎自用。其实，曹操帐下也未必好到哪里去，比如程昱性格暴躁，郭嘉行为很不检点。

人和人之间的恩怨，以至集团、派系也是客观存在，袁绍有颍川系、冀州系，曹操旗下也有颍川系、谯沛系。两个集团之间、不同的人之间，必然会因为意见的不同、利益的不同而带来各种竞争、摩擦、冲突和内讧。部下有不同意见不是问题，但如果不能齐心协力，就是一个大问题，非常考验老板的掌控力。有派系不可怕，老板缺乏掌控力才可怕。

陈群多次当庭控诉郭嘉行为不检点，曹操依旧器重郭嘉的智谋，同时，也因为陈群坚持正道，很喜欢陈群。

乐进、李典、张辽一向不和，而曹操敢于让他们三人合守合肥。孙权围攻合肥，张辽根据曹操的命令准备出城迎战，但他担心乐进、李典不听指挥，李典说："这是国家大事，我怎么可能因为个人的私怨而忘掉公义呢？"合力击败孙权，威震逍遥津。

《三国演义》里有一段曹操大宴铜雀台，曹氏大将和外姓大将争夺锦袍，你争我夺，煞是精彩，落到最后，人手一件，说："我看到大家的武勇，难道会舍不得一件锦袍吗？"

孙权也是个中高手。

甘宁杀死凌统的父亲凌操，等到甘宁投入孙权帐下，两人无法相处，孙权就命甘宁移防，避开凌统。

周泰留守濡须，朱然、徐盛在他手下，不服管束。孙权亲到濡须，大会诸将，亲自为周泰敬酒，命周泰解开衣服，手指伤痕，一一询问来历，周泰一一作答，说起当年各种英勇的战斗事迹，问完，孙权说："你是东吴功臣，我一定与你休戚相关，荣辱与共。"把自己的御用伞盖赐给他，徐盛等人，不由得不服。

孙皎、甘宁喝酒时因小事产生争执，甘宁请求划归吕蒙管辖，有人劝甘宁说孙皎是吴王堂弟。甘宁是个二愣子，回答说："大家都是打工的，孙皎虽然是老板亲戚，也不能欺负人啊。我遇上好老板，只知道拼命效力，受不了这种委屈。"

孙权听说此事，便写信给孙皎，还把诸葛瑾派去责备他："你现在也三十岁了，让你带兵，是让你打仗的，不是让你仗势欺人的。"孙皎承认错误，深刻检讨，和甘宁结下深厚的友谊。

两个以黄色为主的主公，曹操和孙权，能够以实用主义的态度处理自己下属之间的冲突和矛盾，不是拉一派打一派，也没有各打五十大板，讲求公平公正，宣扬合作共赢，甚至连不共戴天之仇，也可以隔离处理。

反观袁绍，**大臣之间拉帮结派、争权夺利、妒贤嫉能、相互攻击**，归根结底，**这是红色放任的结果**，所以荀彧说他"能聚集人才而不懂使用"。

四色性格，红色和黄色偏向于我们平常讲的外向，而蓝色和绿色偏向于内向，在另一个侧面，红色和绿色对人更有兴趣，而蓝色和黄色对事更有兴趣。这使得下属发生冲突的时候，蓝色考虑的是事情本身的对错得失，黄色考虑的是什么对完成任务有帮助，而红色领导把重点放在了人际关系上，试图在双方之间游刃有余，这就抹杀了对错的界限，也抹杀了员工好坏的差别，非常致命。这种情况，必须断然制止，以免事态进一步扩大。红色要记得，对事不对人。

天下英雄谁敌手
——曹操篇

李宗吾先生在《厚黑学》里总结过："首推曹操，他的特长，全在心黑；其次要算刘备，他的特长，全在于脸皮厚；此外还有一个孙权，他虽是黑不如操，厚不如备，却是二者兼备，也不能不算是一个英雄。他们三个人，把各人的本事施展开来，你不能征服我，我不能征服你，那时候的天下，就不能不分而为三。"我曾经感叹过，这只是色彩性格中黄色的一面，局部的结论就是，为什么黄色在政治、商业和职场上常常无往不利？

◎ 部分学者认为曹操主张"德才兼备，唯才是举"，对吗？

许劭主持当时人物品评"月旦评"，评价他是"治世之能臣，乱世之奸雄"。从此名动天下。毛宗岗评论说，曹操是"古今来奸雄中第一奇人"。

当逢乱世，所以是奸雄，如果说雄代表黄色，那么奸（权谋）就代表蓝色，奸雄，就是黄、蓝二色的混合体。最深刻的体验，就在用人和杀人。

曹操的梦想，是"周公吐哺，天下归心"。据说周公礼贤下士，洗一次头，要三次把头发握起来；吃一顿饭，要三次把嘴里的食物吐出来。干吗？要迎接人才啊。

他至少三度颁布求贤令，宣称"唯才是举"，不问德行、不论出身、不讲过程，"不管黑猫白猫，能抓住老鼠就是好猫"。当时士大夫讲究德行重于能力，曹操出身寒门、宦官家族，不为士大夫所看重，所以借此打破樊篱，摧毁旧堡垒，制定新标准。

这些求贤令之中，谈到几个历史故事，有吴起杀死出身齐国的妻子求取鲁君的信任，母亲死了都不回家；陈平与嫂子通奸，收受贿赂。曹操觉得，有才无德，甚至不仁不孝，但只要能治国用兵，都没关系，都可以用。

丁斐是曹操同乡，深受曹操喜爱。可他有个毛病——贪财，多次收受贿赂，每次都得到宽恕。有次，他用自家的瘦牛换公家的肥牛，被举报，下狱罢官。曹操看到他，问："丁斐，你的官印去哪儿了？"丁斐说："换饼吃了。"曹操大笑，对左右说："毛玠多次告发丁斐，要从重治罪，不是没有道理。我不是不知道他不清廉，好比人家养了条狗，善于捕鼠却又监守自盗，自盗虽然有损失，但我的仓储可以保全。"将丁斐官复原职。

陈矫娶同姓女子为妻，违背当时的伦理道德，曹操爱惜他的才能，想保全他，特地下令："动荡以来，风俗凋薄。建安五年以前，一切勿问。"郭嘉行为不检点，照样得以重用。

不问德行，不问你出身是否高贵，也不问你来自哪个集团。伊尹、傅说出身贱民，管仲射过小白，百里奚，五羊皮，都使国家兴盛。信陵君门下，侯生看门，朱亥屠夫，毛公赌徒，薛公卖酒，都名垂史册。

曹操帐下，所谓五子良将，乐进原为小吏，于禁是基层武官，都被曹操所提拔；张辽出自吕布军，徐晃出自杨奉，张郃出自袁绍，都来自敌对势力；文聘出自刘表，庞德出自马超，都为曹操奋勇效力。

性格色彩品三国

《三国演义》里温酒斩华雄一节，固然表现了关羽的勇猛无敌，而曹操也非常出彩。相比斩华雄之前，袁绍只敬刘备汉室宗亲的身份，曹操让人为关羽斟酒，斩落之后，袁术看不起刘备只是一个县令，曹操说："论功行赏，何必计较贵贱？"又暗中派人安排牛肉好酒，抚慰三人。

不问德行、不论出身，更不讲过程和手段。荀攸想去蜀地避难，深情厚谊地写信把他召来；司马懿装病，把他从病床上揪起来；徐庶在敌营，把他母亲抓走，逼迫他归降；阮瑀不肯出来，下令放火烧山，逼他出来做官。总之，情诱不行则利诱，利诱不行则威逼，生米煮成熟饭，不怕你不跟我混。

部分学者认为曹操主张"德才兼备，唯才是举"，这完全是错的，**黄色的用人观，只有后半句"唯才是举"**，不问德行、不论出身、不讲过程，也就是说，"德行放两边，才能摆中央"。难道曹操不知道德才兼备最好吗？他很清楚："太平盛世，崇尚德行，天下有事，则奖赏功勋、任用才能。"

唯才是举，说起来好像很容易，做起来却很难。知人善任，这话大家都知道，但真正能冒天下之大不韪，把大家都看不起的人放在合适的舞台上，只有黄色。

陈平归汉，周勃、灌婴等人跑去跟刘邦说："陈平金玉其外，败絮其中。他在家时，私通嫂嫂，侍奉魏王，不被所容，归顺项羽，又不相合，汉王你给他官做，又听说他收受贿赂。反复无常，不是好人。"刘邦责备推荐人魏无知，魏无知说："我推荐的，是他的才能，陛下问的，是他的品行。现在就算有人像尾生、孝己这样的品行，对胜负没有帮助，陛下会用吗？我推荐的奇谋之士，只看他的计谋有没有用，私通嫂嫂、收受贿赂，又有什么可以怀疑的呢？"于是，刘邦向陈平道歉。

后来陈平设计离间项羽和他的谋主范增，又设计擒获韩信，又和周勃一起平定了诸吕之乱，可以说，如果刘邦过于重视德行，不用陈平，未必打得下江山，生前未必做得稳江山，身后也未必不被马上夺去。

徐宣指责陈矫，陈群揭发郭嘉，曹操对双方都能予以任用。

曹操曾经设立秘密警察，专门负责刺探、检举。有人反对，曹操的回答很有意思："你对他们的了解，恐怕不如我。事无大小，刺探隐私、检举揭发，让贤人、君子去做，他们做不了。叔孙通举用群盗，是有原因的。"

楚汉战争时，叔孙通率领儒生弟子一百多人投奔刘邦，但他却不推荐，专门推荐盗匪、壮士，弟子们很不高兴，叔孙通说："现在推荐你们上阵杀敌吗？别急。"等到刘邦一统天下，叔孙通带着这群弟子为刘邦制定礼仪、规章。

蓝色本来就重道德，有污点的人很难获得蓝色的重用，所以黄色的刘备敢用魏延坐镇汉川，而蓝色的诸葛亮一直纠结于魏延的反骨*。红色三人成虎，自己觉得没问题，可听了三个人说这个人怎么怎么不好，立刻怀疑自己是不是做错了。

吴起杀死出身齐国的妻子求取鲁君的信任，大破齐军，但有人在鲁君面前说他如何残忍，为了表忠心，不惜杀死自己的妻子，这样的人会有人性吗？鲁君开始怀疑吴起，逐渐疏远，于是吴起去了魏国，为魏国破秦，攻下五城。

这没有对错之分。管仲三次当兵，三次逃跑，齐桓公靠他称霸。易牙烹了自己儿子讨好君主，卫开方老爸死了也不奔丧，竖刁自宫来侍奉君主，管仲告诫齐桓公，他们都不能做齐相，为什么呢？没有人性。对自己、对亲人都残忍的人，哪能敬爱君主？齐桓公不听，结果呢，被易牙、竖刁囚禁，活活饿死。

可见该不该任用有才无德的人，关键还在于自己。自己强大，管仲、吴起、陈平、郭嘉，都可以是人才，自己昏庸，易牙、竖刁，都可以致命。**好比是红颜祸水，其实哪里是祸水呢？**

◎为什么曹操可以放过有杀子之仇的张绣？

兖州叛乱，是曹操早期最艰难的时候。毕谌在曹操手下，对方扣留了毕谌的母亲、弟弟、妻子、儿女，曹操说："你老母亲在那边，去吧。"毕谌磕头，表示绝无二心，曹操感动得流泪。不料，毕谌一出门，就逃到张邈那里去了。后来活捉毕谌，大家很担心，曹操说："孝顺父母的人，难道不也会忠诚君主吗？这正是我所要的人。"

魏种是曹操推选的人，并且深得其信任。叛乱发生时，曹操说："只有魏种不会抛弃我。"谁知道魏种也投降了，曹操咬牙切齿，"你逃出国就罢了，否则看我怎么对付你。"等到生擒，曹操又说，"是人才啊！"任命毕谌和魏种当太守。还有叛将徐翕、毛晖，也被赦免，当上太守。

建安七子之一的陈琳为袁绍写过讨伐曹操的檄文，痛骂曹操祖宗三代。袁绍战败后，曹操说："你给袁绍写文章，骂骂我就算了，干吗要扯上我爸、我爷爷？"

陈琳推托："箭在弦上，不得不发。"意思是我是箭，袁绍是弦，不是我要写，是袁绍要写。你要当我的弦，我也可以做你的箭，你要唱红歌，我绝不会谱蓝调。这话对极了黄色的胃口，曹操也爱惜他的才华而不予追究，继续让他掌管文书，起草檄文。

宛城之战，曹操长子曹昂、侄儿曹安民、亲兵统领典韦死于张绣的叛变，可当官渡战前，张绣投降，曹操握着他的手，欢宴达旦，拜张绣为扬武将军，让儿子曹均娶张绣的女儿，表示不计前嫌。

比起"德行放两边，才能摆中央"，比起用人不问德行、不论出身、不讲过程，更能体现黄色的曹操，是他不计前嫌、不念旧恶。

叛变的、骂他祖宗的、有杀子之仇的，不是曹操不想杀，而是不能杀，只为了一个目标——得天下。俗话说，"舍不得孩子套不住狼"，黄色永远知道什么最重要，为了达到目标，黄色可以控制情绪、可以克制感情、可以忍受痛苦、可以放弃一切。

管仲险些杀死公子小白，可小白当上齐国国君后，却起用管仲，全靠了管仲，小白得以成为春秋五霸之首。季布多次击败刘邦，可刘邦还是宽恕了他，拜他做官。

刘备也不例外。刘备占领益州，董和、李严是刘璋所任命的官员，吴懿、费观是刘璋的姻亲，彭羕被刘璋排挤，即使像黄权公然反对刘备入蜀、刘巴一向被刘备所忌恨，都能授以要职，发挥他们的才能。

黄权反对刘璋邀迎刘备入蜀，然后又坚守广汉，直到刘璋归顺，他才投降，而刘备委任他为偏将军。刘巴和刘备结怨更久：在曹操征荆州时归顺曹操，没有跟随刘备，赤壁之战后受曹操之命招降南荆州各郡，被刘备占了先机，拒绝投降，跑去交州，因此被刘备记恨。又从交州入蜀，多次劝说刘璋不能迎刘备入蜀。刘备攻打成都，下令："杀害刘巴的，诛灭三族。"入城之后，刘巴出来认错，刘备没责怪他，反而在诸葛亮的推荐下，任命他为幕僚，后来代替法正为中央政府秘书长。

性格色彩品三国

如果说叛变的、骂他祖宗的,接纳这些人尚属于性格修炼的范围,那么杀子之仇几乎不共戴天,还能轻轻放下,此等境界后天难以修炼,非黄色天性不能为。《教父》通篇充斥着"这是生意上的事,没有私人恩怨"之类的话。面对丧子之痛,教父是这样说的:"我不要追查此事。我不要复仇。我要你安排一次与五大家族族长的会议。这场火并该终止了。"

张绣投降前非常犹豫,贾诩说:"曹操有霸王之志,一定会放弃个人的仇怨,向天下展示自己高尚的品德。"

这句话道破了黄色的需要,**对黄色而言,目标永远大于感受,为了目标的实现,他们可以忍受一切痛苦和折磨**。一是时局需要,我正和袁绍开战,这有利于后方的安定;二是更重要的一点,我要展现给天下人看,我连有杀子之仇的张绣都可以放过,还有谁,是我不能原谅的呢?赶快来投奔我吧。

正因如此,张绣投降,曹操大喜,握着贾诩的手说:"使我得到天下的信任和看重的人,就是你啊。"任命贾诩为京城警备司令。

《三国演义》中说曹操杀了刘琮母子,这不是事实,也不符合黄色的性格,刘琮解甲归降,正该给东吴的孙权、西蜀的刘璋做榜样,怎么可能去杀他?

刘邦刚刚起兵的时候,雍齿投靠了周市,刘邦咬牙切齿,后来雍齿投降,刘邦没有杀他,等到灭楚之后,依次封赏功臣,有人等不及,天天发牢骚,张良给刘邦出主意,说:"你最恨谁,就封谁。"于是刘邦封雍齿为什方[①]侯,大家都很高兴:"雍齿都能封侯,我们还有什么可以担心的呢?"这是一个意思。

---

① 什方:西汉置什方县,东汉改什邡县。

虽然商场、职场不太会有杀子之仇、夺妻之恨，但难免会遇到说过你坏话的人、得罪过你的人、给你使过绊子的人，甚至背叛过你的人，你该怎么办呢？

◎ 为什么曹操不放过冒犯他的许攸？

官渡之战，曹操收缴袁绍文书，发现许昌官员以及军中将领和袁绍暗中往来的书信，全部烧毁。

《世说新语》：曹操有一名歌女，歌声清脆高亮，性情却极恶劣。曹操想杀了她，但是爱惜她的才能，想赦免她，却难以忍受。于是挑选了一百名歌女，同时培养，等到其中一人赶上了她的水平，就立刻把她杀了。

《世说新语》里把歌女故事归入"忿狷"（愤怒、急躁的意思）类，实在是匪夷所思，看看这类的其他故事，都是什么吃个鸡蛋能吃得火冒三丈的急性子，哪有这样慢慢磨刀子的？对曹操而言，听歌不杀，是一种需要。就像曹操在政治早期和中期，唯才是举、不念旧恶，也是一种需要。

我们拿烧信来分析，这招式，大概是从东汉开国皇帝刘秀那里学来的。刘秀平定王郎，收得部下和王郎的书信数千件，刘秀看也不看，就在将领面前当场烧掉，说："让那些担忧的人安心。"这招又被南朝齐的开国皇帝萧道成学去，萧道成平定刘休范叛乱，但消息不通，京城里传说刘休范已经打到城边，朝廷百官纷纷投递名帖，表示投诚，数以千计。萧道成拿到这些名帖，列兵登上城北："各位看清楚了，我是萧道成。你们的名帖都已经烧毁，不必害怕。"

相比而言，刘、萧焚书，是在平定叛乱之后，而曹操焚书，袁绍尚未平定，可见后者黄色忍耐的成分更多，而前者红色宽恕的成分更多，所以毛宗岗说刘秀是有度量的帝王气象，曹操是有权谋的奸雄心事。

相近的是刘邦，韩信连续平定魏、赵、燕、齐，要挟刘邦，请求代理齐王，刘邦破口大骂，幸好张良在边上，踩踩刘邦的脚，刘邦马上醒悟过来，接着骂："大丈夫平定了诸侯，应该立为真王，干吗要代理呢？"派张良去封韩信为齐王。等到天下平定之后，才借口将韩信族灭。

黄色老板喜欢命令和指使别人，对于冒犯他们的人，黄色会毫不留情地还击。不还击，就意味着自己认输。"认输"二字，不在黄色的字典里。但是，黄色的报复可以很有耐心，他们会考虑现实的因素，如果当时的条件对自己不利，他们可以一直等到条件许可。

曹操也是这么做的。是丞相肚里能撑船，还是心狠手辣，完全取决于形势。等到他羽翼丰满，削平了北方群雄，大局已定，他黄色的专横就表露了出来。

曹操很看重崔琰、毛玠，任命他们为丞相府里排名第二和第三的幕僚，让两人一起负责选拔官吏。可就是崔琰这样的人才，说错了话，也被罚为奴隶，崔琰仍然不知收敛，宾客往来，门庭若市，对着宾客吹胡子瞪眼，于是曹操下令将他赐死。毛玠为崔琰鸣不平："天不下雨，正是因为这些无辜的人啊。"投入狱中，免死罢官。

许攸投奔，曹操赤脚相迎，何等亲热？可许攸自恃在官渡立下大功，常常叫曹操的小名："阿瞒，要不是我，你得不到冀州。"曹操心里很不舒服，但还是笑着说："是啊是啊。"许攸又常对别人说："没有我，曹家不可能出入此门"，遂被杀。

娄圭跟随曹操出游，说："这家父子，今天才知道有此乐事。"遂被处死。袁忠曾经要捉拿曹操治罪，桓邵看不起曹操，都惨遭灭族。

包括后面会讲到的荀彧、孔融、杨修之事，大多发生在这一时期。这也不稀奇，勾践赐死文种，是在灭吴之后；刘邦、吕后诛灭韩信、彭越，是在灭楚之后；朱元璋大杀功臣，是在江山稳固之后。所谓鸟尽弓藏、兔死狗烹，就是黄色的代名词。而赵匡胤杯酒释兵权，更像是红色的举动。

曹操、刘备青梅煮酒樽前语："今天下英雄，唯使君与操耳。"自古英雄所见略同，不仅用人一样，杀人也一样，绝不手软。曹操杀人，是在北方渐次平定之后；刘备杀人，则开始于拥有益州称汉中王前后。

称汉中王，费诗上疏反对，降职，刘巴、雍茂一起进谏，刘备找借口把雍茂杀了，吓得刘巴从此离人远远地，不和人私下交往，非公事不谈。彭羕发牢骚称刘备为"老兵子"，又意图谋反，被杀。伐吴，秦宓上书说天时不利，下狱。

张裕出言不逊，嘲笑刘备没有胡须，刘备出征汉中，又传播对蜀汉不利的预言："不可以，一定会失利。"弃市，诸葛亮问为什么，刘备答："芳兰生门，不得不锄。"兰香芬芳，不得不锄，错不在芬芳，错在好长不长，偏偏长在门前挡了道，卧榻之侧，岂容他人酣睡？这句话，曹操若听见，不免心有戚戚焉。

同为黄色的范雎"睚眦之怨必报"，差点打死范雎的魏相魏齐，被逼自杀。法正恩怨分明，一餐之恩，睚眦小怨，无不回报，擅自杀死好几个诽谤过自己的人。嵇康不喜欢钟会，钟会借故劝司马昭除掉嵇康。

而以红色为主色的韩信受封楚王之后，给饭吃的漂母，赐予千金；赶走他的南昌亭长，赐给百钱；让韩信受胯下之辱的少年，召为楚中尉。

> 红色是情绪上来就报仇，蓝色是不惜牺牲自己也要报仇，黄色的优势在于他能够在情势需要的时候不计前嫌，就算是杀子之仇、夺妻之恨也可以放下。时过境迁之后，红色好了伤疤忘了疼，只要不是血海深仇，都可以轻松放下，而蓝色依然沉浸在怀旧和痛苦之中不能自拔，黄色则时时刻刻记着君子报仇，十年不晚。当情势改变，不再需要的时候，黄色的过当就在于睚眦必报，得罪过我的人，你们的末日到了。

◎为什么曹操会纠结于要不要杀刘备？

李宗吾先生说："三国英雄，首推曹操，他的特长，全在心黑——他杀吕伯奢，杀孔融，杀杨修，杀董承、伏完，又杀皇后、皇子，悍然不顾，并且明目张胆地说'宁我负人，毋人负我'。心之黑，真是达到极点了。有了这样的本事，当然称为一世之雄了。"

对于潜在的敌人或对手，曹操一概斩草除根，不留后患。

董卓之乱，曹操逃回故乡。途中路过好友吕伯奢的家。吕伯奢不在，他的五个儿子在家里，曹操听到准备饭菜的声音，以为他们要加害自己，乘夜持剑连杀八人，悲凉地说："毋人负我！"这句话在《三国演义》里演绎成"宁教我负天下人，休教天下人负我"。

本来打算任用吕布，刘备一句："曹公，你忘了丁原和董卓的事了吗？"

绞死吕布。

匈奴派来使者，曹操认为自己相貌丑陋，派崔琰代替，自己握刀做侍卫状。然后，派密探去打听："魏王如何？"使者说："魏王姿仪美好，但床头捉刀人，是真英雄。"曹操听说，觉得使者很厉害，派人追杀。

周不疑才能出众，少年得名，曹操觉得他和曹冲在一个水平上，以后可以陪着曹冲一起成长，想把女儿嫁给他，周不疑说不敢当。曹冲死后，曹操想防患于未然，曹丕不以为然，曹操说："这个人不是你所能驾驭的。"派刺客干掉了周不疑，司马懿也险些遭到同样下场。

对于政治敌人，特别是拥护汉室的保皇派，曹操一概斩草除根，不留后患。

议郎赵彦，就因为和汉献帝说了些时政策略，被杀。他杀人明目张胆，悍然不顾汉献帝这个至少是名义上的皇帝。董贵人的父亲董承受密诏，要诛杀曹操，与王子服、种辑等人结盟谋划。事情泄露，统统夷灭三族，连怀孕的董贵人都不放过，献帝再三求情，也没有用。

伏皇后给父亲伏完写信，要他密谋除掉曹操。事情泄露，华歆带兵入宫捉拿伏皇后，伏皇后藏在夹壁中，华歆打破墙壁，把披头散发、赤着脚的伏皇后拖出去。伏皇后抓住献帝的手："不能救我吗？"献帝说："我还不知道自己能活多久呢。"伏皇后被废而死，她所生的两个皇子被毒死，伏完全族死者一百多人。

耿纪、韦晃等人谋反，在许昌放火。曹操大怒，把朝廷百官押到邺城，说："救火的站左边，闭门不出的站右边。"大家以为救火必定无罪，多站左边。曹操说,"名为救火,实为帮叛贼乱党。"全部杀掉。宁可错杀三千,不可放过一个。

荀彧是曹操手下第一大谋士,常被比作萧何、张良,但他拥护汉室。董昭等人联名推戴曹操为国公,赐九锡,秘密咨询荀彧。荀彧不同意:"曹公带兵扶助朝廷,振兴汉室,应该实行退让,不应该这样。"曹操咽不下这口气,等荀彧生病,曹操送去食物,打开一看,空无一物,荀彧知道这是曹操的意思,于是自杀。就因为保皇,管他萧何、张良,立刻翻脸,绝无情义可言。

"伴君如伴虎",是指红色老板喜怒无常,而"顺我者昌,逆我者亡",既可以指红色老板,也可以指黄色老板。红色老板可能是为了顺一时的心意,而黄色老板更在乎你是不是符合他的终极目标。

黄色的判断很简单,就是你能否为我所用。能为我所用,那可以是人才,不能为我所用,那就可能为别人所用。对负资产,绝不能手下留情,上演农夫与蛇。你是人才,又不肯跟我一伙,才能越高越危险,越有可能成为我的心头之患,不杀你杀谁?他曾威逼陈宫要杀他老母和女儿,利诱沮授要一起共创大业,为审配对自己射箭开脱,这几个宁死不降,那也只能一刀砍了,总不能纵虎归山吧。

红色老板有时顾念旧情。李宗吾先生说:"鸿门之宴,项羽和刘邦,同坐一席,项庄已经把剑取出来了,只要在刘邦的颈上一划,'太高皇帝'的招牌立刻可以挂出,他偏偏徘徊不忍,竟被刘邦逃走。"

对黄色而言,既然你是非杀不可,就算你是我发小,一起扛过枪、坐过牢,那也照杀不误,顾念往日情分,可不是不杀你,而是杀了你之后帮你照看家人。荀彧死后,曹操为之痛惜,停止酒宴,厚葬沮授;陈宫死后,曹操帮他照顾母亲和女儿。

有时候，原则之间会发生冲突。

当吕布袭取下邳，刘备投奔曹操。黄色的程昱劝："刘备有雄才，深得人心，张飞、关羽，都是万人敌，是他的死忠。刘备终究不会做别人的下属，不如趁早除掉他。"——这是曹操绞杀吕布、逼死荀彧，斩草除根的原则。

曹操说："现在正是收罗天下英雄的时候，杀一人，就会失去天下人的心，不可以。"——这是曹操放过张绣、任用陈琳，唯才是举、不计前嫌的原则。

曹操问郭嘉，红色的郭嘉说："这话没错。我们诚心诚意招揽天下人才，唯恐他们不来。现在刘备有英雄之名，走投无路来投靠，杀了他会败坏我们的名声。大家各怀疑虑，回心转意，另选主公，你还能和谁去安定天下呢？除去一个人，失去天下人的人心，不可以这样做。"曹操说："你说得对。"

红色的顾虑当然有道理，可当年鸿门宴项羽放走刘邦，范增气呼呼地说："这小子，不值得和他图谋大事。"为什么？杀死功臣，难道范增不怕败坏自家名声吗？只是杀刘邦、杀刘备，比起自家名声、天下人心更重要而已！

至于身后的名声，是流芳百世，还是遗臭万年，不在考虑范围之内。桓温躺在床上，说："这样默默无名，要被司马师、司马昭耻笑的。"一下子坐起来，说，"既不能流芳百世，难道连遗臭万年也做不到吗？"武则天则索性立了块无字碑，你们爱说啥说啥，我不在乎。

黄色的程昱觉得不留后患重要，红色的郭嘉觉得自家的名声重要，都没错。曹操把刘备留在身边，留而不用，两全其美，既有了招揽英雄的名声，又避免了节外生枝。可惜，后来曹操做错了一件事，派刘备去徐州攻打袁术。程昱、郭嘉、董昭听说后，齐声反对："曹公你前日不杀刘备，是你的胸怀广大。现在把军队借给刘备，他一定会有异心。"曹操后悔，追赶不及。

◎ 曹操如何以身作则接受处罚？

前面几节主要讲的是曹操的黄色，而曹操的蓝色优势主要体现在赏罚必行，而过当主要体现在疑心病重、奸诈狡猾。

曹操行军有令，士兵不可践踏麦田，违令者死，骑兵下马，以手扶麦，递相传送而过，不料曹操自己的马忽地闯入麦田，有人为他开脱说，春秋大义，刑罚不适用于尊者。曹操说："我自己制定法令，又自己违背，何以服众？但我身为统帅，不可自杀，请让我自己施刑。"拿起佩剑，割下头发，代替首级，放在地上。

官渡之战前，大家一致认为，袁绍法令不立，政令不一，曹操恪守法令，赏罚必行。他们又说：袁绍过于宽厚，妇人之仁。诸葛亮也批评过刘璋过于宽厚。红色、绿色肯定比黄色、蓝色更宽厚，但这样也算缺点吗？是的，农夫与蛇的故事大家都听过，还有一个故事，说的是上刑场的儿子，最后有一个愿望，是和母亲说句话。母亲走上前来，凑到儿子身边，儿子一张嘴，咬掉了母亲的耳朵，说："当初要不是你的溺爱纵容，我也不会有今天！"

由政治而言，火性猛烈，令人生畏，所以很少人被烧死；水性柔弱，却有很多人被淹死。按郭嘉的说法，汉末的政治过于宽厚，所以乱象丛生，应该像曹操这样用严刑峻法来纠正。曹操的法令极严，往往因小错而杀人，按旧法，士兵逃亡，就要抓捕妻子、儿女，曹操还嫌不够，想要加重刑罚，差点要到逃亡杀全家的地步。

红色重人情，绿色不喜欢冲突，往往轻法令。袁术宠爱冯氏，引起嫉妒，有人杀了她悬在厕所的梁上，袁术重礼安葬，却不惩罚罪犯。张杨性格仁爱温和，没有威严，不讲法治。部下谋反被抓，他却当面落泪，予以赦免，不加责问。最终，被部将杨丑所杀。

也有红色情绪化起来借法杀人的，但这不是法治。孔融因赋税不齐，一日杀五部督邮，但依旧是奸民污吏，搅乱秩序，无从治理。

蓝色愿意遵守规则，严于律己，严于律人。蓝色内心深处认为，在这个世界上，人只有不断地要求和批评才可以进步，所以蓝色常常主张严格执法，诸葛亮觉得，只有严格执法，大家才会感恩戴德，国家才能强盛。

蓝色以身作则，他们认为，规则对所有人适用，包括自己。如果连自己都不适用，如何服众？所以蓝色严于律人，更严于律己，诸葛亮错失街亭，挥泪斩马谡，自贬三级。

黄色讨厌规则的束缚。他们认为，规则是为别人所定，自己是老板，是规则的制定者，理所应当地拥有打破规则的权力，你们都要守法，只有我可以例外，典型的"只许州官放火，不许百姓点灯"。同时，黄色认为，乱世之中，只有严刑峻法，才能让所有人不存侥幸之心，从而震慑军民，国家繁荣。

《资治通鉴》是这样说曹操的：奖赏功勋，不吝千金，没有功劳却希望得到赏赐，分文不给。执法严酷，违法一定处罚，有时候对着罪犯流泪，但终不加赦免。

下属公务出错，常常被杖打，何夔常备毒药，发誓宁死不受侮辱。曹植的妻子穿锦绣衣服，以违反规定为由赐死。曹操枕着爱姬午睡，说："过会儿叫我。"爱姬看他睡得很熟，没敢叫，等曹操自己醒了，就把爱姬活活打死。

马践麦田，作为黄色，曹操当然不会砍了自己，但他深知法令不行，后果很严重，所以采取了变通执行的方法，割发代首。

有人说，不对呀，这不是骗人吗？不是，身体发肤，受之父母，不敢毁伤，这是孝道的起点。在古代，损伤发肤，是一种非常严厉的处罚。曹操身为主帅，没法自杀，仍能以身作则，割发代首，使得将士惶恐不安，从而严格遵守军纪民规，百姓受益于此，是件大好事。

知乎上有人问："什么样的老大才是好老大？"得到最多赞同的回答是"人品三原则：言出必行、赏罚分明、以身作则"，割发代首包齐三原则。

> 红色和绿色最需要学习的，是不要因为怕影响人际关系而不敢教育、处罚甚至开除员工，因为你做了，得罪的可能是一个人，最多是一群人，而你不敢做，会对整个团队带来影响。红色需要学习的另一个点，就是不要在情绪激动的时候做决定。

◎生性多疑的曹操如何控制下属？

自小时候起，曹操就诡计多端。

好飞鹰走狗，游荡无度，叔父常常对曹嵩打小报告。有次，曹操看到叔父过来，倒地口舌歪斜做中风状，叔父赶紧告诉曹嵩。曹嵩急忙赶来，啥事也没有。曹嵩问："叔父说你中风，已经好了？"曹操说："我没啥毛病，只是叔父不喜欢我，所以才这样说。"自此以后，叔父说什么，曹嵩都不再相信，曹操也就更加肆意妄为。

《世说新语》有一篇《假谲》（就是虚假欺诈的意思）里有十四个故事，曹操一人就占了五个。

曹操、袁绍两人偷偷跑去看人家结婚，半夜大叫："有小偷。"大家都跑出来，曹操闯进去，拔刀抢了新娘子就跑。中途迷路，跑到荆棘丛中，袁绍出不来。曹操又大叫："小偷在这里！"袁绍一惊吓，自己跳了出来，一起逃脱。

又有一次，袁绍派人在夜里投剑刺曹操，低了点没刺到。曹操想，下次一定会投得高，所以紧紧贴着床，剑投来果然高了，又没刺到。

这都还算是少年的恶作剧，等曹操带兵打仗，路上缺水，将士们都很口渴。曹操挥鞭虚指："前面有大梅林，梅子又多，味道酸甜，可以解渴。"大家听说，口中生了唾液，一鼓作气，赶到前面的水源。

匈奴派来使者，曹操认为自己相貌丑陋，派崔琰代替，自己握刀做侍卫状。然后，派密探去打听："魏王如何？"使者说："魏王姿仪美好，但床头捉刀人，是真英雄。"曹操听说，派人追杀使者。

官渡之战，许攸归来，曹操赤足相迎。许攸问："你还有多少存粮？""一年。""没这么多吧。""半年。""你为啥不肯说实话呢？""刚才开玩笑啦，实际上只有一个月的分量了。"

性格色彩品三国

曹操曾经说:"我睡觉的时候,不要随便靠近。一靠近,我就要杀人,我自己也没有意识,你们务必要小心谨慎。"后来有次,曹操假装睡着,有人给他盖上被子,曹操一跃而起,把他杀了。从此以后,曹操睡觉,左右没人敢靠近。《三国演义》里杨修一句"丞相非在梦中,君乃在梦中耳!"可谓道破天机。

曹操又说:"有人想要害我,我立刻心动察觉。"偷偷告诉一个侍从,"你怀中藏刀偷偷到我身边,我就说心动。然后叫人抓你去砍头,你不要说是我指使的,没事,会有厚报。"侍从真信了,揣刀前来,结果可想而知,被砍了头。左右以为曹操心动是真的,想谋反的人为之丧气,不敢行动。

据说,曹操有七十二座疑冢。

刘备和孙权,两人在打仗方面并没有大的天赋,刘备靠军师,孙权靠大都督出主意,曹操则不同,虽然帐下谋士辈出,但他自己也够足智多谋,自揽兵权,自运谋略。如果说蓝色为他提供了足够的谋略,那么黄色就为这些谋略指明了方向,用之正,足智多谋;用之邪,就是奸诈狡猾。

相比红色今朝有酒今朝醉;绿色守着自己的一亩三分地;蓝色生性多疑,居安思危;而黄色主张"休教天下人负我",宁愿把一切危机扼杀在摇篮。在两种性格的结合之下,曹操采用了严酷和残忍的方式来控制下属:

张绣降而复叛,曹操总结教训,对将领们说:"张绣投降,我错在没有收取人质,才弄到今天这个地步。我已经吸取教训了,大家看着,我今后不会再犯同样的错了。"

为了控制,曹操设立秘密警察。为此,大臣人人自危,纷纷明哲保身,贾诩、程昱、徐晃等人闭门谢客，不交朋友，子女嫁娶，不结高门。曹操觉得，大家相互之间不联系，只跟我联系，这是最佳状态，也是最安全的状态。

> 现代商业社会，这种方法已经变得越来越不可行。你可以疑心重，但你既不可能有每个人的把柄，也不可能雇来侦探调查你的每个员工。在这样的情况下，红色的信任策略，加上蓝色的法制和规则，信任员工能够自律，同时根据既定的流程操作和执行，应该能够最有效地防范员工串通外人谋取私利。

青梅煮酒论英雄
——刘备篇

比起名门之后袁绍、官宦子弟曹操，黄色的刘备号称皇叔*，实际上是白手起家，早年颠沛流离，东奔西走，在北方二失根据地，六易其主，四失妻、子，在荆州坐了七年冷板凳，换个普通人早已感到万分沮丧，甚至开始怀疑人生，项羽早在长江边抹了脖子，刘备依然百折不挠、雄心壮志，终于凭借超人的毅力，在三国中获得一席之地。

◎为什么刘备颠沛流离能终成大业？

刘备打小就有远大志向，家东南角上有一棵桑树，有十二米高，远远望去，枝繁叶茂，像车盖一样。刘备和小朋友们一起在树下玩耍，指着那棵树说："我一定要乘像这样的羽葆华盖车（帝王的仪仗）。"叔父对他说："不要胡说，要灭族的。"

黄巾之乱，刘备二十四岁起兵，到赤壁之战前，刘备四十八岁。二十四年间，二度拥有徐州，一次一年多，一次几个月，又转瞬失去。

至少六易其主：公孙瓒、陶谦、吕布、曹操、袁绍、刘表。先投奔公孙瓒，被派去青州和田楷一起抵抗袁绍；得到陶谦的四千丹杨兵，离开田楷改投陶谦，与曹操作战；陶谦死后，领徐州，被吕布偷袭得手，又投降吕布；

遭吕布攻击，败走投奔曹操；反叛曹操失败，投奔袁绍；然后又离开袁绍，投奔刘表。

其中，和袁绍、吕布、曹操，都是不打不相识。和袁绍打仗，又去投奔袁绍，被吕布偷袭，又投降吕布，和曹操作战，又投奔曹操，然后又叛变。六易其主，刘备脸皮够厚，不以为耻，在黄色看来，不受嗟来之食，很可笑，尊严、面子与目标相比，一文不值。管仲为啥毫不犹豫地投靠公子小白？

"我不以投敌的小节为羞耻，而以不能名扬天下为耻辱。"输了，可以卷土重来，绝不像红色项羽一样自刎乌江，什么羞见江东父老？那不是傻子吗？

四失妻、子：吕布偷袭徐州一次，攻击小沛又一次，曹操攻击徐州一次，刘备"弃家属"，长坂坡一次，刘备"弃妻、子"。

七年冷板凳：在曹操手下那四五年，好歹还干点事，在袁绍手下，则被派往汝南骚扰，也算有点活干。可自建安六年，刘备投奔刘表，寄人篱下，驻扎新野，一直到建安十三年，曹操南下荆州，整整七年，坐了七年的冷板凳。

刘备在荆州，宴会上起身上厕所，看到大腿全是肉，感慨流泪。刘表很奇怪，刘备说："过去我身不离鞍，髀肉消瘦，现在很少骑马，髀肉复生。光阴如奔马，不知老之将至，而不曾建功立业，感到悲哀。"

励志书里常常告诉我们有远大目标的人容易成功，看到秦始皇，刘邦感慨"大丈夫当如此也"，项羽感慨"彼可取而代也"，刘秀看到执金吾出行，车骑队伍华丽宏大，感慨："仕宦当作执金吾，娶妻当得阴丽华。"曹操开始也不过梦想封侯做征西将军而已，平定北方前后，为曹丕取字子桓，为曹彰取字子文，我想，意思大概是自己要建立齐桓公、晋文公的事业。

性格色彩品三国

但这并不意味着，目标的大小决定了你成就的大小。除了后天的勤奋和努力，最重要的莫过于对待失败的态度。

屡战屡败，颠沛流离，二失根据地、六易其主、四失妻儿、七年冷板凳，换个普通人早已感到万分沮丧，甚至开始怀疑人生，红色的项羽早在长江边抹了脖子，黄色的刘备依然百折不挠、雄心壮志不改。**杀不死黄色的挫折，只会使黄色更坚强**，他早年有养子刘封，当第一个亲生儿子在荆州出生时，刘备替他取名刘禅。封禅泰山，祭告上天，那是始皇帝、汉武、光武的事业，这就是刘备在坐冷板凳那七年的志向。

曹操北伐乌桓，刘备劝刘表袭击许昌，刘表不听。等到曹操返回，刘表说："没听你的话，错失了大好机会。"刘备说："现在天下四分五裂，战争不断，机会还会再来，只要以后不放过机会，这次也算不上遗憾。"虽是劝刘表的场面话，但他也在为自己打气：自己的机会会来的。

三顾茅庐，刘备说："汉室衰微，奸臣窃国。我不顾自己的德行和能力，想要伸张大义于天下，可是智谋不足，因而遭受挫折，到了今天这个地步。但我壮志未息，你认为应该怎么去做？"

四十八岁，尚且寄人篱下，而雄心壮志犹存，是为英雄本色。管仲三次当官，三次遭到罢免；三次当兵，三次逃跑，终于辅佐齐桓公，称霸春秋。勾践连国家都亡了，卧薪尝胆，三千兵甲，终究吞了吴国。刘邦与项羽争天下，屡吃败仗，后来一战成功，开四百年基业。

同样以黄色为主色，曹操在后院起火，失去根据地兖州，只剩下鄄城、东阿、范三个县，在几乎要送人质向袁绍求援的情况下，也不曾放弃，一两年间陆续收复，把吕布赶跑。在官渡之战，敌强我弱，军粮几乎用尽，考虑退回许昌，曹操问贾诩，贾诩说："抓住时机，一战可定。"问荀彧，荀彧说："敌强我弱，一旦退兵，局面就会没法收拾，只要坚持下去，必将发生变化，出奇制胜的机会，一定不能放弃。"于是咬紧牙关，坚持到底，守得云开见月明。

红色顺风顺水没有问题，小挫折也很容易满血复活，不过一旦遭受重大挫折，就有可能一辈子爬不起来。 袁术穷途末路，居然还在讨要蜜糖水；吕布打点败仗就一蹶不振，灰心丧气，投奔刘备去了；袁绍一败于官渡，犹存斗志，二败于仓亭，悲愤交加，一命呜呼了。李宗吾先生说项羽："垓下之败，如果渡过乌江，卷土重来，尚不知鹿死谁手。他偏偏又说，'天之亡我，我何渡为！且籍与江东子弟八千人渡江而西，今无一人还，纵江东父兄怜而亡我，我何面目见之？纵彼不言，籍独不愧于心乎？'"

> 商战中、职场上，风雨沉浮，在所难免，遭受失败或打击，再正常不过。我们未必会像刘备屡战屡败，但如何能做到像刘备越挫越勇，这才难得。

我的校长陈敏恒先生说，你可以失败很多次，但你只需要成功一次。职场上，确实如此，失败了就再来呗，再怎么困难，想想刘备就好了。

达美乐比萨的创始人汤姆·莫纳汉，幼年丧父，后被修道院开除，退伍之后仅有的2000美元被骗，考上大学却又因病退学，和哥哥收购了比萨店，哥哥却中途退出，快速扩张，债务累累只得把公司交给别人，然后一场大火烧毁了他的旗舰店和办公室，就这样他都不肯破产，最后把达美乐建成全美第二大比萨连锁店。有人问他：对于追逐梦想的年轻人有什么建议。他说："无论你想成为什么样的人，努力和决心是非常重要的。你可能会遇到挑战，但你一定不能放弃。"

◎为什么刘备宁可失败也不肯抛弃百姓？

刘表病重，一度犹豫是不是要把荆州托付给刘备，说："我儿子都不行，手下也不成器，我死之后，你就代领荆州刺史。"刘备说："两个儿子都不错，好好养病。"有人劝刘备答应，刘备说："刘表待我优厚，如果听他的话，大家一定会以为我生性凉薄。我不忍心。"

曹操进军荆州，刘备从樊城撤退，过襄阳，诸葛亮劝刘备攻打刘琮，占领荆州，刘备说："我不忍心。"停下马招呼刘琮，刘琮吓得不敢站起来。

祭奠刘表，哭泣而去，刘琮手下官员和荆州百姓，纷纷跟着刘备，走到当阳，滚雪球一样滚到十多万人、几千辆车，每天只能走十几里路。

正常的行军速度有多快呢？虞翻擅长步行，日行二百里，夏侯渊领兵神速，号称三日五百，六日一千，而曹操派出精锐骑兵五千，一日一夜行三百多里。司马懿急行军攻打孟达，八日一千二百里。

有人建议轻兵速行，刘备说："成就大事，以人为本。百姓依附于我，怎么忍心弃他们而去！"

曹操屠过徐州、活埋过几万投降的袁军，孙权屠过庐江、屠过江夏。相比之下，刘备积累下来的爱民名声，是百姓的最佳选择。

汉末早期最得民心的，是刘虞和袁绍。刘虞在幽州，青州、徐州来避难的人有一百多万，公孙瓒杀死刘虞后，手下纷纷造反，把公孙瓒委任的官员都杀了。袁绍失败后，河北百姓无不哀伤，挥泪街巷，如丧父母。这合乎一般意义上的性格色彩，两个红色为主色的君主善待百姓，黄色更有可能像曹操一样，靠恐吓、人质来压制，那为什么黄色的刘备会选择这条路呢？

从刘备的角度来看，他的大旗是什么？他起点低，既没有袁绍的显赫身世，也没有吕布的赫赫武功，既没有董卓、马超在少数民族的影响力，也不像曹操那样一开始就拥有一个良好的根据地，邻近最大的人才中心颍川。

红色可以抱怨自己缺这个少那个，但黄色只会考虑自己能做什么。刘备知道，独辟蹊径，自我定位，自我包装，选择"得民心者得天下"这面大旗，仁义、爱民、礼士，以此为本，是自己唯一的出路。入川之前，他说过一句心里话："我和曹操势同水火，曹操苛刻，我宽厚；曹操残暴，我仁慈；曹操诡谲，我忠厚，每件事都和曹操相反，然后可以成就大事。"

这不是因为曹操、孙权乃至各家势力不懂得这个道理，也不是只有刘备才懂得这个道理，而是刘备懂得他需要，而且不得不选择这个道理。诸葛亮隆中一语道破："将军欲成霸业，北让曹操占天时，南让孙权占地利，将军可占人和。"*

妻、子如衣服，人民如手足，衣服破，尚可缝；手足断，安可续？或者我们可以说，妻、子是"生活资料"，而人民是"生产资料"，急难之中，抛妻弃子没关系，可生产资料、立命之本——人民不可弃，就算人民保不住，民心也不可弃，颠沛流离的紧急时刻还想得到百姓，固然军事战术上有失利，但民心战略上很成功。

所以，对刘备而言，一时的战术失败可以接受，但人格的破产，就是战略的失败，无法承担。

◎为什么刘备把阿斗扔在地上？

以人为本，既可以说百姓，也可以说人才。

袁绍看名声，名气不够大的不见，曹操厚遇刘备，出则同车，坐则同席，而刘备起点低，只好加倍努力，在平原待客，不论身份，同席而坐，同器而食，可见是下足了功夫的。

刘备从平原令升任平原相，刘平一向看不起刘备，认为在他手下干活是种耻辱，派刺客去刺杀刘备。刺客来了，刘备不知情，就像对待客人一样对待刺客，热情款待，刺客感动不已，不忍下手，还将来意说明，然后离去。这样的人格魅力，大概只有赵盾才能与之相比，赵盾心忧国事，一早就在家里处理国政，刺客看到，羞愧万分，撞槐而死。

桃园三结义是《三国演义》虚构的，但史书上确实也讲刘、关、张三人情如兄弟，睡觉都在一张床上，大庭广众之下，关、张整日侍立左右。《三国演义》讲刘备、赵云，二度执手相看，泪眼而别。史书上也讲刘备结交赵云，赵云也有依托之意，后来赵云终归刘备。

张飞丢了徐州，见张飞拔剑要自刎，刘备向前抱住，夺剑掷地说："兄弟如手足，妻子如衣服。"*

长坂坡赵云救出阿斗，刘备把襁褓中的阿斗扔在地上："为你这小孩，几乎损我一员大将。"*

一段摔阿斗，完美地解释了什么叫黄色的人对待妻子如衣服，人才如手足。

"兄弟如手足，妻子如衣服"，直指黄色内心。刘备四失妻、子，至少有两次，史书上用了"弃"字，抛妻弃子，当然是战场上的恶劣情形直接所致，但也有黄色内心并不怎么看重家人的道理在。

刘备的祖先刘邦为了逃命，把亲生儿子推下车，后来两军对垒，项羽说："再不投降，我就把你爸爸给煮了。"刘邦说："我们当年同奉怀王之命，结为兄弟，我爸就是你爸。你要煮你爸，分我一杯羹。"而红色的袁绍小儿子生病就六神无主，错过攻打曹操的最佳时间，怎能成大事？

后人评论摔阿斗说，"无由抚慰忠臣意，故把亲儿掷马前"。一个"故"字，把刘备故意如此，安慰赵云的心理刻写如画。也怪不得赵云抱起阿斗，哭泣拜谢："赵云肝脑涂地，不能报答这份恩情！"

相比之下，红色的项羽部下生病，流着泪把自己的食物分给别人吃，只能算是小儿科。黄色的吴起有士兵生疮，吴起亲自为他吸出脓肿，士兵的母亲哭了。有人问她哭啥呢？母亲说："他的父亲生了疮，就是吴起为他吸出脓肿，所以他父亲勇往直前，战死沙场。现在吴起又这样，我不知道我儿子会死在哪里。"

结果呢，这三人，终身追随刘备，即使仓皇奔走，即使寄人篱下，没有寸土之地可以立业。三人患难与共，绝无二心，这里面当然有刘备下的心思和感情投资。即使一时分散，关羽过五关斩六将*要去投奔，张飞在汝南等他，而赵云等公孙瓒死了就来找他。

关羽被擒，投降曹操，只为了要留有用之身，再见刘备。曹操拜将封侯，三日一小宴，五日一大宴，上马一提金，下马一提银，可惜莹莹白兔，东走西顾。*

曹操看到关羽所穿绿锦战袍太旧，用异锦做了一领战袍相送。关羽把新袍穿在里面，外面仍穿旧袍。曹操问："关羽这么节俭啊？"关羽说："不是节俭。旧袍是兄长所赐，穿在身上，如见兄长，不敢以丞相新赐，忘兄长旧赐，所以穿在外面。"曹操内心哭泣还不得不装出一副赞叹的神情："真是义士啊。"

曹操又把吕布的赤兔马送给关羽，关羽拜谢。曹操不高兴："我送你美女、金帛，你不拜谢，现在我送马，你倒两次拜谢，为何轻人而重马？"关羽答："这赤兔马日行千里，一旦知道兄长的下落，马上就可以赶过去。"为兄长而拜，不是为马而拜。曹操愕然，后悔不已。

靠着对理想的追求，对百姓的爱护，对士人的优待，刘备竖起了自己的金字招牌。

牵招是他少年时的好友，后来归顺曹操，依旧对刘备念念不忘，他的碑文上写着两人"英雄同契，为刎颈之交"。大约也是因此，曹魏要么把他放在青、徐打强盗，要么放在北边收拾鲜卑，却从来不让他靠近荆州、益州。

陶谦病故后，遗命以刘备接替徐州，糜竺率领徐州士民迎请刘备，陈登说："现在汉室衰微，天下动荡，建功立业，就在今日。徐州殷实富足，人口百万，希望刘备你来主持州务。"北海相孔融也说："今天，是百姓选择贤能。拒绝上天的赐予，后悔莫及。"袁绍也予以支持："刘备高雅有信义，徐州拥戴他，真是天下人的期望啊。"

吕布袭下邳，刘备走投无路，几无藏身之处，而糜竺把妹妹嫁给他，送给他两千奴仆、金银货币以供军用，刘备靠这些人马和资金，才得以重新振作。后来曹操任命糜竺和他的弟弟糜芳为太守，可两人都放弃官职，随着刘备四处奔波。

到荆州，屯新野，荆州豪杰多归附刘备。入川，张松、法正主动投靠。所以诸葛亮对孙权说："众士仰慕，若水之归海。"

◎刘备伐吴是真心为关羽复仇吗？

关羽死后，刘备兴兵征吴，为关羽复仇。是真心复仇，还是惦记荆州？历来众说纷纭，这里从性格的角度给出一种解释。

公孙瓒是刘备的师兄，也是刘备职业生涯的第一个贵人。黄巾之乱，刘备起兵，七年间，做的都是些县尉类的小官，直到公孙瓒任命他做平原相的时候，才算是正式登上汉末群雄的舞台。但当陶谦给了刘备四千丹杨兵之后，刘备立刻背叛公孙瓒，投靠陶谦。

吕布两次抓住刘备的家小，都善待无差。辕门射戟，劝退袁术兵马，救了刘备。可等到曹操擒获吕布，刘备一句"曹公你忘了丁原和董卓的事了吗？"生生害死吕布。

曹操厚遇刘备，出则同车，坐则同席，转眼他就借机杀了曹操任命的刺史车胄，夺取徐州。

性格色彩品三国

公孙瓒死于袁绍之手，可刘备毫无芥蒂地去投奔袁绍。袁绍也给足面子，出城二百里迎接。当时二百里，大约相当于今日八十五千米，等于从上海跑到嘉兴。等到官渡之战，刘备假称要联络刘表，带兵脱离袁绍。

和孙权一起抗曹，却顺手牵羊，把荆州的好处都占了。孙权要越过荆州去打益州，刘备说："我和刘璋同为宗室，有志于匡扶汉室。你去打刘璋，是不给我面子。"话说得好听，可没多久，刘备自己就西进图谋益州，孙权说："这个狡猾的贼子，竟然敢骗我。"

刘备入蜀，刘璋先派法正迎接，赠送的财物，数以亿计，然后又亲自从成都跑到绵阳，双方欢饮百日，刘璋送兵，三万余人，送军备，米五千吨、马一千匹、车一千乘，请他帮忙讨伐张鲁，可刘备到葭萌关，按兵不动，广树恩德，收揽民心，然后找借口翻脸。

国家之间，可以没有永远的朋友，只有永恒的利益，做事脸皮要厚，但做人心却不能太黑。黄色相信，有奶便是娘，东窜西走，寄人篱下，恬不知耻。**黄色能够不受干扰，把感情因素排除在外，善于从利益的角度来冷静地考虑问题**，这使得他们比其他颜色更容易推动事业的进展，获取成功，然而，专注目标，忽略自己和他人的感情因素，没有人情，只讲利益，甚至为了自己的前程，**不惜葬送父母、妻儿，显得冷酷无情**，使得他们不太容易得到别人的信任。谁都不是傻子，吕布不正是因此而被绞死的吗？

除了有眼无珠的袁术，大家都认为刘备是英雄、是人杰，曹操青梅煮酒论英雄："今天下英雄，唯使君与操耳。"

同时，大家也都防备着他。他投奔曹操，程昱劝曹操早点干掉他。投奔刘表，刘表忌惮，而蒯越、蔡瑁要杀他。和东吴合作，周瑜、鲁肃称他为枭雄，

青梅煮酒论英雄——刘备篇

周瑜临终上书，甚至说"刘备寄寓，有似养虎"，司马懿鄙视他诈力，孙权称呼他猾虏。入川，刘璋手下王累，自己倒悬在成都大门之上死谏，黄权说："刘备勇猛善战，请他来，如果按部下对待他，他不会满足，以客人之礼待他，一山不容二虎。我们就危险了。"

黄色足够理性，在黄色眼里，首先是利益，然后才有关系。刘封是他的养子，刘备早年无子，所以收养刘封，本来刘封当然是继承人选，可刘备四十七岁生了刘禅，就没刘封啥事了。等到刘备自称汉中王时，就立了刘禅为太子，继承权早已确立，但不免有人会挑拨，孟达写信给刘封："自从阿斗立为太子以来，有识之士都为你感到寒心。"

也因此，诸葛亮依然担心刘封刚强不驯，一旦刘备去世，无法掌控，劝刘备除掉他。于是刘备借口刘封不救关羽、侵凌孟达，导致孟达叛变，逼他自杀。有能力却不在位置上，非常危险，你没有这个想法，不代表别人也没有这个想法，汉武帝为防母后专权而杀钩弋夫人，司马昭为防嵇康造反而找借口把他杀了，都是一个道理。

这样没有心肝的刘备，会不会真心为关羽复仇呢？答案显然是不会，我们来看事实。

关羽死于建安二十四年（219年）十二月，而刘备起兵复仇，是在黄初二年（221年）的七月，相距十九个月，中间还发生了刘备欢天喜地、兴高采烈登基称帝一事，不得不说，为关羽复仇，只是一个幌子。

关羽被杀之后，魏国也为此开会，讨论刘备会不会出兵复仇。大家都说："蜀只是个小国，名将只有关羽。关羽兵败身死，国内忧惧，不会出兵。"只有刘晔说："蜀国地盘是小，但刘备想通过武力使国家强大，势必会用兵，显示自己实力雄厚。关羽和刘备义为君臣,情同父子,关羽死而不能举兵复仇,情谊上说不过去。"

刘晔说得很清楚,舍不得荆州,是第一位的,当然,复仇的架子也是要摆的,否则以后怎么管下属?

吕思勉先生有过一段精彩的论述:"伐吴之役,《三国演义》上说刘备和关羽、张飞是结义兄弟,他的出兵,是要替义弟报仇,这固然是笑话,读史的人说他是忿兵,也未必是真相。因为能做一番事业的人,意志比较坚定,理智比较细密,断不会轻易动于感情。况且感情必是动于当时的,时间稍久,感情就渐渐消退,理智就渐渐清醒了。关羽败于建安二十四年,刘备的征吴,是在章武元年七月,章武元年,就是建安二十六年,距离关羽的失败已经一年半了,还有轻动感情之理吗?"

"意志比较坚定,理智比较细密,断不会轻易动于感情",正是黄色的代名词。

反之,易动感情、情绪化发作,把自己搭进去的是红色的张飞,为了置办白旗、白甲,三军挂孝伐吴,张飞鞭打帐下将领张达、范强,*被杀。蓝色的赵云讲究规则和道理:"讨伐汉贼,是公事,报兄弟之仇,是私事,不该以私废公。"*

◎ 为什么说刘备是哭来的江山?

两度与赵云分离,两度执手挥泪而别。*

徐庶离去，玄德不忍相离，送了一程，又送一程，送君千里，终有一别，刘备泪如雨下，徐庶也落泪而别。刘备凝泪而望，被一树林隔断，挥鞭相指："我想砍尽这些树木。"为啥？"挡住了我看徐庶的视线。"*

三顾茅庐，刘备哭泣恳求："先生不出，叫百姓怎么办！"*泪如雨下，衣襟尽湿，然后才请得诸葛亮出山。

曹操南征，父老乡亲随刘备离开，刘备大哭："因为我一个人，而使百姓遭此大难，我还活着干吗？"欲投江而死。*

他也会示弱博取同情。东吴之行，甘露寺里，跪在吴国太席前，泣告："要杀刘备，就请动手。"*

刘备要回荆州，先暗暗垂泪，引起注意，然后跪倒，求孙夫人。戏曲中的刘备对孙尚香说："荆州危急，不能不回，要回，又舍不得夫人。"然后泪如雨下，"国太与孙权怎么肯允许夫人去？"孙尚香（红+黄）受不了激将，忍不住强烈的我要保护你的心态，两人商量后决意假称祭祖私奔荆州，刘备跪倒拜谢。*

逃亡路上，前有拦截，后有追兵，又到车前哀告孙尚香，在夫人面前涕泣请死，孙尚香依旧受不了激将，斥退追兵，帮着刘备逃出生天。*

这三哭，哭得东吴赔了夫人又折兵。*
鲁肃索要荆州，刘备只管掩面大哭。*

俗话说，刘备的江山，是哭出来的，"遇到不能解决的事情，对人痛哭一场，立即转败为功"。

性格色彩品三国

大约《三国演义》里，刘备哭的次数多过曹操，《三国志》里恰好相反，曹操的哭多过刘备，两人同以黄色为主色，**黄色打小就知道，莫斯科不相信眼泪，眼泪只能代表软弱，所以黄色宁愿打落牙齿和血吞，也不愿意向人痛哭流涕**。那么作为黄色，刘备和曹操为什么要哭呢？

那是因为，**对黄色而言，哭，不是软弱，有用就行**。男儿膝下有黄金，下跪都不怕，哭又算得了什么？

什么叫软弱？打败仗后哭哭啼啼。张飞丢了徐州，刘备不过两句："得何足喜，失何足忧！"妻子失陷，也不过默默无语。

什么叫有用？等到张飞拔剑要自刎，玄德向前抱住，夺剑掷地："兄弟如手足，妻子如衣服。城池本非我有，家眷可以设计搭救，不要紧。"说罢大哭。关、张都感动而泣。

与赵云对哭，那是要勾引赵云投奔；三顾茅庐，那是要说得诸葛亮出山；樊城哭百姓，那是要收民心；鲁肃讨荆州，那是做戏；哭徐庶，那是给别人看，看我如何爱惜人才，千金市骨，买的不是千里马的骨头，而是我对人才的渴望和信用。

仅就这一点而言，曹操更为擅长。

张绣一役，典韦护主而死，曹操退往舞阴，派密探取来他的尸体，亲自祭奠："我损失了长子、侄儿，都不是最痛心的，我单单为典韦而哭。"*后来南征荆州，路过宛城，再度祭奠亡灵，痛哭流涕，大家都很感动——激励军心，这就是目的。

青梅煮酒论英雄——**刘备篇**

郭嘉病死在北征途中，曹操临丧大哭，悲痛万分，说：“各位和我同辈，只有郭嘉最小。统一天下之后，我想把后事托付给他，他却中年夭折，这是我的命吗？”

到赤壁战败，曹操哀叹：“哀哉郭嘉！痛哉郭嘉！惜哉郭嘉！郭嘉在此，不会让我到这个地步。”*

为什么呢？郭嘉一定会向河北、辽东那样，建议收兵止步，隔岸观火，等着孙权、刘备，像袁氏兄弟、袁氏和公孙康一样火并，而曹操，一定会接受这个建议，这样，也就不会有后来的三分了。顺便也教育下自己的谋士："这不是我的错，都是你们太没用，才打了败仗。"

所以，男人哭不是罪，但因儿女情长而哭，是不入黄色法眼的。**黄色觉得，就算哭，也是一种工具，达到目标的工具、争霸天下的武器。**

钟毓、钟会都是魏国大臣钟繇的儿子。小时候，两人乘父亲睡着偷酒喝，钟繇其实已经醒来，偷偷看他们怎么做。钟毓行过礼再喝，钟会喝了也不行礼。钟繇问为啥？钟毓说："酒是用来完成礼仪的，不敢不行礼。"蓝色认为，偷酒喝虽然不对，但过程依然很重要，礼仪规范也很重要。

而钟会说："偷本来就不合礼仪，所以不行礼。"

黄色认为，什么样的手段、方式、方法都不重要，甚至连目的是不是合理也不重要，他在意的只是结果本身。

一切可以作为工具，对黄色的事业成功很有帮助。然而，短期目标的实现，可能对长远的利益造成负面影响。

性格色彩品三国

  荀勖有宝剑，价值百万，放在母亲钟夫人家中。钟会是荀勖的堂舅，他模仿荀勖的笔迹，写信把宝剑骗去，不肯归还。

  荀勖知道是谁干的，想着要报复。后来钟会兄弟二人花了千万造了一所房子，非常精美，还没住进去。荀勖善画，偷偷跑进去，画上钟繇的像，衣服、冠带、相貌，都和生前一样。钟会兄弟俩每一进门，看见画像，就大为伤感，画着父亲的像，又不能卖，只好把房子空着。

坐断东南战未休
——孙吴篇

孙坚（红+黄）、孙策（红+黄）、孙权（黄+红）父子三人，包括史上的孙翊、《三国演义》中的孙夫人、戏曲里的孙尚香，在性格上有很明显的遗传迹象，黄色的杀鸡儆猴，红色的鲁莽冒进、真诚信任，在领导风格上也有明显的一致性。不过，孙权的黄色，使他能够青出于蓝，把父、兄的基业发扬光大，对内和江南士族一笑泯恩仇，对外忍辱负重，在曹、刘之间来回摇摆，为东吴赢取最大利益。

◎为什么孙坚劝张温借故杀董卓？

司空张温受命讨伐凉州叛乱，召见董卓，董卓拖了许久才来，而且出言不逊。孙坚在座，悄悄对张温说："董卓不畏罪、嚣张、口出狂言，应该以不听调遣，宣明军法处斩。"张温说："董卓威名远扬，杀了他，我们靠谁西进呢？"

孙坚说："明公你亲率王师，威震天下，为什么还要依赖董卓？以董卓的话，不尊敬明公，轻慢上级，没有礼貌，这是罪一。边章、韩遂专横跋扈多年，应当及时讨伐，可董卓声称出军不利，拖延军务，这是罪二。董卓接受任命而没有战功，接受军令却拖延耽搁，态度傲慢，这是罪三。古代名将，领兵打仗，没有不杀人立威的，司马穰苴斩杀齐景公的宠臣庄贾，魏绛斩杀晋悼公的弟弟杨干的车夫。现在明公你不惩处董卓，有损威信，都在这事上了。"

坐断东南战未休——孙吴篇

张温不忍采取行动，说："你先回去，不然，董卓要起疑心了。"

后来，孙坚起兵反董卓，路过荆州，荆州刺史王叡认为孙坚是武官，一直很轻视他，孙坚逼迫他自杀。走到南阳，太守张咨不肯提供军粮，孙坚把张咨忽悠到军营，然后以他延误军机，不能及时讨贼的罪名，推出辕门砍头。自此，南阳战栗，要什么给什么。

孙坚死后，孙策投靠袁术。孙策的一个骑兵犯罪，逃到袁术营中，躲在马厩里。孙策派人进去把他杀了，然后向袁术请罪。袁术说："士兵叛变，应当共同仇视，为什么要请罪呢？"从此军中更加敬畏孙策。

孙策死后，堂兄弟孙辅、庐江太守李术都暗中与曹操勾搭，不肯听命于孙权。李术还招纳逃亡的士兵。孙权写信去索要士兵，李术说："有德行士兵归附，没德行士兵叛变，不该放他们回去。"

如果任由事态发展，大家都要投靠曹操，孙家的基业立刻土崩瓦解。孙权大怒，先借口李术杀死曹操任命的扬州刺史严象，请求曹操不要救援，然后大举进兵，破庐江、屠城，砍下李术的脑袋，又将孙辅软禁，从此江东无人敢不听命。

孙坚父子是孙子（孙武）的后代，吴王阖闾见到孙子，说："你的《孙子兵法》，我都看过，你可以小试牛刀吗？""可以。""可以用女人吗？""可以。"于是阖闾叫出宫中美女一百八十人。孙子把她们分成两队，让吴王的两位爱姬做队长，几番训练，三令五申，还是嘻嘻哈哈的，乱成一团。

于是孙子下令把两位队长斩了，阖闾喊停："别！我知道你会用兵了。

性格色彩**品三国**

我没有这两个爱姬,吃饭也不香,不要杀。"孙子说:"将在外,君命有所不受。"斩杀俩队长,继续操练,一下子,军容整齐,左右前后,听命而行。

这就是立威的重要性。所谓杀一人而千人惧者,在黄色看来,没有军纪,只能吃败仗,杀一个人,却挽救了很多人的生命,值。颠颉跟着重耳流亡十九年,却因犯小错而被处以重刑,商鞅对此大加赞赏:"一处罚颠颉,而晋国大治。"彭越斩杀迟到的同伴,然后起义,刘焉初到益州,找借口杀死州内豪强王咸、李权等十多人,吕蒙部下拿了民家一个斗笠就被砍头,都是同一个道理。

杀鸡儆猴,鸡的级别越高,道具效果越好,榜样的力量越大,越该杀。正因为你是一般人不敢冒犯、不敢杀的,我正好拿你作法,杀一儆百。《红楼梦》里探春初理事,就要找几个有体面的人作法,取消了宝玉兄弟的上学补贴。

曹操二十多岁出任洛阳北区警察局局长——京城官多、官大,动不动就得罪人,可黄色的曹操一点都不怵,造了十几根五色棒,放在衙门左右,宣布有犯禁的,一律棒杀,正好大宦官蹇硕的叔父违反宵禁令,立刻乱棍打死,自此京城豪强无人敢犯。出任济南太守,济南十县,县官多依附贵戚,贪污受贿,他一上任,就罢免了八个县令。诸如赵奢处死平原君家中管事、"强项令"董宣拦路截杀公主的家仆,没有黄色基因很难做到这一点。

杀一人使千人畏惧的,自然要杀,杀一人使千人归心的,也要杀。

曹操军中缺粮,偷偷问粮官:"怎么办?"粮官说:"用小斗出粮,可以多坚持几天。"曹操说:"好主意。"士兵们闹起来,曹操对粮官说,"借你的脑袋一用,以压服众心,不然,事情没法解决。"砍头示众,写上:"粮官用小斗,贪污官粮,按罪当斩。"

丹杨民风彪悍，啸聚山林，实行游击战术，屡次整治无效。诸葛恪受命担任太守，宣布投降的既往不咎："山民痛改前非，归顺教化的，都应该予以安抚，迁到外县，不得嫌弃猜疑，实行抓捕。"周遗投降，县长胡伉认为他只是被迫投降，仍然图谋叛逆，把他绑起来送到丹杨。诸葛恪以胡伉违背命令，斩首示众，并且上报朝廷。山民一听，纷纷扶老携幼，鱼贯而出。一年之后，就得到了四万士兵。

讲过曹操，讲过刘备，大家都明白对黄色而言，手段是否符合道德标准不重要，目的是不是合乎情理也不重要，他在意的只是结果本身。同样，对黄色而言，事件的真相如何不重要，解决问题的过程不重要，但解决问题却很重要；杀人的理由不重要，该不该杀、无辜不无辜不重要，但杀人能换来什么却最重要。

孙坚劝张温杀董卓立威和自己杀张咨立威、孙策杀骑兵、孙策杀李术、曹操杀粮官、诸葛恪杀胡伉，其实无关理由，就是要杀只"鸡"给"猴"看，谁撞在枪口上，只能怪命不好，自己撞上来，焉有不杀之理？

换来地方稳定、团队稳定、军心稳定、换来四万士兵，值！

◎为什么孙坚、孙策都死于意外事故？

孙坚征讨黄巾，有一次乘胜追击，在西华失利。孙坚受伤落马，躺在草中。士兵打散了，不知道孙坚在哪里。等到孙坚的坐骑自己跑回营，倒地哀鸣，将士们才跟着马在草丛里找到孙坚。

后来孙坚攻打荆州，黄祖迎战，孙坚单枪匹马巡行岘山，被黄祖士兵射死。也有记载说黄祖败走窜入山中，孙坚乘夜追击，被黄祖士兵在竹木间暗箭射杀，又有说被山石击中脑袋而死。

孙策喜好骑马驰骋四下游猎，虞翻告诫说："明府你便服轻装出行，来不及警戒，非常危险。而且作为老板，不稳重，就没有威严。白龙化鱼，被渔夫射中眼睛，白帝子化蛇当道，被高祖所斩，希望你稍稍留意。"孙策说："你说得对。但是有时候坐着思考，郁闷无比，不如在野外有收获，所以才出来。"

讨伐山越，斩获渠帅，令左右分兵追杀，在山里碰上虞翻，虞翻见他左右一个人也没有，问："左右呢？"孙策说："都去追杀敌人了。"虞翻说："太危险了！"

攻打丹杨刘繇，带着十三骑亲自视察，在神亭正好遇上太史慈，孙策刺中太史慈的马，夺得手戟，太史慈也抢到孙策的头盔。正好两家兵马一起赶来援助，两人才放手离开。然后再度亲临前阵，张纮说："主将，是筹划谋略的人，维系三军的命运，不应该轻佻，亲自上阵。希望你能珍重上天授予的才能，顺应天下的愿望，不要让全国上下担惊受怕。"

郭嘉说："孙策刚刚得到江东，所杀的都是英雄豪杰，能够为自己拼死效力的人。孙策轻佻没有防备，就算有百万大军，也等于独自一人行路。如果遇到刺客埋伏，不过能抵挡一个人而已。在我看来，他一定会死于普通人之手。"

果然，孙策绞死吴郡太守许贡，许贡的小儿子及门客躲在江边。孙策独自骑马出行打猎，遇上许贡的门客，重伤不治。

如果说杀威棒法是孙家的黄色遗传的话，那么鲁莽冒进就是孙家的红色遗传。

无论什么原因，总之是鲁莽冒进、勇而无谋而死，也就是我们所说的"轻狂""轻佻"。如果说孙坚、孙策是一个普通将领的时候，抄起家伙就上，奋勇争先，冲锋陷阵，这值得赞赏，但当他成长为一支小势力的领袖，再这样做，就未必是好事了，每次都是孤注一掷，好运气不会每次都落在头上，总有失手的时候。

千金之子，坐不垂堂，他的责任，不仅仅是自己，还包括整个家族和集团。事实上，孙坚死时才三十七岁，长子孙策不过十七岁，他的意外死亡，导致孙氏集团群龙无首，几乎灭亡。他的侄子孙贲率领将士投靠袁术，自此孙家对袁术的依赖明显增强了，孙策好不容易才找到机会脱离袁术，一举扫平江南，奠定孙吴基业。

孙策死时二十六岁，最年长的弟弟孙权十九岁，孙辅、李术不肯听命，把孙家再次推到摇摇欲坠的危险境地。幸好孙策留下的文武百官很靠谱，孙权又当机立断，斩杀李术、囚禁孙辅，才将局面再度稳定下来。

孙坚、孙策是红+黄，以红色为主色，而孙权则是黄+红，以黄色为主色，相对于父、兄，他更善于保护自己，更为老成持重。

孙权也喜欢打猎，打到天黑才回家，常常骑马射虎，有时老虎冲上前来抓到马鞍。张昭脸色突变："将军干吗要这样做？身为君主，是要驾驭英雄，驱使贤能，难道是要在旷野上追逐，和猛兽比力气？一旦出意外，不是让天下人讥笑吗？"

孙权认错："我年少，考虑不周到，向你表示惭愧。"认错归认错，孙权继续我行我素，要打虎，又要保护自己，怎么办？孙权制作封闭的射虎车，上面有小孔，一人驾车，自己在车里射箭。有时有野兽冲上来攻击车辆，孙权每每独手搏击，虽然张昭还是要劝，但孙权常常笑而不答。

征讨合肥，孙权打算亲率轻骑突袭，张纮说："兵者，凶器。战争，危事。现在你仗恃精力充沛，身体健壮，小看强横凶暴的敌人，三军将士，无不寒心，虽然斩将夺旗，威震沙场，但这只是偏将的责任，不是主将应该做的事。希望你克制勇武，胸怀计谋。"孙权听从了意见。

> 商场上最常见的鲁莽冒进，无过于披荆斩棘开疆拓土，功成名就之后，突然觉得自己是上天选定，无所不能，要么是大肆铺张，遍地开店，争取尽快上市，要么是迅速扩展到多个不熟悉的领域，结果，一败涂地，把老本都搭了进去。股市里也一样，赚了点钱，真以为自己是股神，赢了两把，就以为自己赌神附身。但是，好运气不会每次都落在头上，总有失手的时候。所以通常而言，经历上百年的公司，保守的相对会多些。

◎ "升堂拜母"是认干儿子吗？

孙策平定泾县，抓获太史慈，当即松绑，握着他的手说："还记得神亭那时候吗？如果那时候你抓到我会怎样？"太史慈很坦然："不能想象。"孙策大笑："今日，让我们一起努力。"当即任命他为代理侍卫长。

刘繇病死时，手下将士有一万多人，没有归附，孙策派太史慈去安抚，大家都说："太史慈去了肯定不会回来。"孙策说："太史慈背弃我，还会去追随谁呢？"在昌门送别，握着太史慈的手腕，问："啥时候能回来？"

太史慈说："不超过六十天。"

太史慈走后，大家依然议论纷纷，有的说他会投奔华歆，有的说他会投奔黄祖，孙策说："各位不要再说了，我认真考虑过。太史慈勇猛有胆识，心中有道义，一诺千金，一旦许为知己，终生不会辜负，你们不用担忧。"

太史慈果然如期而返。

虞翻是王朗旧部，投奔孙策，孙策任命他为人事处处长，待以交友之礼，亲自到他家中拜访，说："今日天下，必定和你同甘共苦，不要认为我只是把你当作郡吏对待。"

孙策把军政大事全部委托给张昭。当时孙策的名气，还没有张昭大，北方士大夫写信给张昭，把江东的功劳都归于张昭，张昭想秘而不宣，又怕大家认为他私下确实这样想，想公开宣扬，也不合适，进退不安。孙策听说后，高兴地说："以前管仲相齐，大家只知道仲父，但桓公得以成为五霸之首。现在张昭贤能，我能重用，难道这份功劳、名声没有我的份儿吗？"

曹操总在提防着别人，即使有投降和晋升来的五子良将，但总体来说，军事控制权还是掌握在自家人，也就是夏侯家和曹家手里。刘备信任的人并不多，武将除了关羽、张飞，大概就只有自己的侍卫赵云和家将魏延了。

曹、刘两家，或多或少使用了人质策略，领兵在外，得先留下人质。比起以黄色为主色的曹操、刘备，以红色为主色的孙策更乐于给出信任。

性格色彩品三国

如果说结亲是当时常规的人才战略,那么孙策让属下"升堂拜母"(包括张昭、周瑜、吕范)就更进一步。易中天老师说"升堂拜母"是认干儿子,这是不合理的。孙策也曾让张昭"升堂拜母",可张昭只比孙坚小一岁,怎么可能拜孙坚的夫人为干娘呢?何况早年孙坚和王晟还"升堂见妻"呢,那又怎么说?

我猜想,"升堂拜母"大概是朋友以上、结义未满。作为老板,请个别员工到家里,见见老母,联络下私人感情,一种亲密攻势,如此而已。相比刘备的同床而寝、同器而食,孙家的举动似乎更符合红色性格,适用范围可以更广。

孙权用人,继承了哥哥的风格,并有所发展。他常常在公开场合给足员工面子,超出预期的面子。

赤壁之战后,鲁肃回来,孙权亲自率将领迎接,说:"我亲自扶鞍下马相迎,够光荣吧?"鲁肃说:"不够。"大家听到,无不惊讶。鲁肃徐徐扬起马鞭,说:"希望君主你威德广布四海,一统九州,成就帝业,然后再用车马迎接我,这才是光荣呢。"孙权拍掌欢笑。

陆逊大破曹休,过武昌,孙权命令左右拿着御用伞盖遮住陆逊,进出宫门。

酒宴上朱桓说:"我当远行,请求捋一下陛下的胡须(孙权紫须),没有遗憾。"孙权往前坐了坐,朱桓进前,捋了下孙权的胡须,说:"我这是捋虎须啊。"孙权大笑。

信任策略并不是博弈学上的优势策略,恰恰相反,人质策略才是。这也能说明为什么黄色在竞争环境下占优势。从坏处来说,**红色的信任策略降低**

了员工背叛的成本，但从好处来说，人是有感情的，感情投资的效用往往无法估量。

孙策摆脱袁术，前往江东，他从寿春出发到历阳，出发的时候一千多士兵，几十骑，加上跟随他的宾客几百人，行几百里路，到历阳的时候，已经有五六千人。然后从历阳渡江，风行草偃，逐步占领江东诸郡，奠定了东吴的百年基业。

路遇许贡客，孙策问："什么人？"许贡客伪称："韩当的士兵，在这里射鹿。"孙策说，"当的兵我都认识，从来没见过你们。"当时孙策的军队已经过万，居然还能记得每一个士兵。

据说，员工离职，特别是资历较深的员工离职，第一因素就是和上司的沟通有问题。鉴于人群中红色占据绝大多数，那么展现真诚、展现信任，就成为一个很好的策略，事实上，即使理智如蓝色、理性如黄色、平和如绿色，同样会被真诚、信任所感动，毕竟人是感情动物嘛！

> 我们常说要授权，但如果你对员工没有真诚的信任，又凭什么指望员工能够回报你真诚信任呢？你又怎么能指望员工会全身心地投入呢？职场上对员工真诚信任，也许会遇到一两个滥竽充数的员工，但绝大多数人会给你回报，也许暂时没有，但终究会有的。

◎ 为什么孙策打击江东豪族而孙权要把女儿嫁给他们？

孙坚、孙策、孙权父子三人作为一个整体，性格中都含有红、黄两色的

性格色彩品三国

元素。但是，为什么我们说孙坚、孙策是以红色为主，而孙权则是以黄色为主呢？

孙策对江东本土集团进行打击。所谓吴郡大姓，顾、陆、朱、张。会稽大姓，虞、魏、孔、贺。

孙坚救过庐江太守陆康的侄儿，可后来孙策去见陆康，陆康居然不见，只派了秘书长代表，孙策怀恨在心。后来孙策打下庐江，陆康病死，陆家宗族百余人，死者将近半数。

到孙权时，不计往日恩怨情仇，大家坐下来，一笑泯恩仇，谈谈理想，谈谈利益。

他任命陆逊为大都督，顾雍为丞相，顾雍之后，又以陆逊代顾雍为丞相，后来又以朱据为丞相。哥哥孙策有三个女儿、孙权自己有两个女儿，他把孙策的两个女儿，一个嫁给陆康的侄孙陆逊，一个嫁给顾雍的儿子顾邵，自己的小女儿孙鲁育嫁给朱据。顾雍、陆逊、朱据，都是吴郡大族，"顾、陆、朱、张"中的三家。

当年，孙策临终时叫来孙权，给孙权佩上印绶，说："统率江东将士，把握战机，与天下英雄试比高下，你不如我。选拔才能，让他们尽心效力，保卫江东，我不如你。"

孙策招揽人才，程普、黄盖、韩当，那是孙坚的老部下，张昭、张纮本有名声，为他所用。周瑜、鲁肃投奔而来。吕蒙、蒋钦、周泰更是他从基层选拔的，太史慈是刘繇旧部，虞翻是王朗旧部。这份答卷，比起刘备来毫不逊色，可为什么就是这样，孙策还要说"选拔才能，我不如你"呢？

以红色为主色的孙策注重外来的淮泗集团，渡江而战，和本土的江东集团结下仇怨。如果一直这样下去，等于自己斩掉一只翅膀。

孙权以黄色为主色，所以他更注重利益，而不纠结于过去，他一手继续抓住淮泗集团，周瑜、鲁肃是他的首任和二任大都督；一手把恩仇放下，联合江东大族，顾雍是他第二任丞相，陆逊是他的第四任大都督，扩展了自己的人才库，为东吴政权奠定了更坚实的基础。

◎为什么孙权肯向小辈曹丕称臣？

吊丧荆州：

刘表病死，孙权派鲁肃前去吊丧，要知道孙坚死于黄祖之手，黄祖是刘表战将，江东与刘表有杀父之仇，不共戴天，正该庆祝，哪有吊丧的规矩？为了政治，血海深仇可以放在一边。

联刘破曹：

刘备依附于孙权，曹操手下，都以为孙权一定会杀刘备，按曹操杀吕布的逻辑没错，但程昱说："曹公无敌于天下，刚刚拿下荆州，威震江南，孙权再有谋略，也不能独自抗衡。刘备有英名，关羽、张飞，万人敌，孙权一定会帮助他们，来抵御我们。"这就解释了即使是养虎为患，黄色孙权还是要留下刘备。因为两害相权，取其轻。

明明是东吴强、刘备弱，赤壁之战后，曹操北返，孙权又把妹妹孙尚香嫁给刘备。那一年，刘备已经四十九岁，孙权的妹妹满打满算也不过二十岁。

性格色彩品三国

嫁了妹妹，又借了荆州。当时刘备亲往江东，周瑜劝孙权软禁刘备，孙权没同意，为啥？鲁肃说得好："不可。将军你虽然神武盖世，但曹操实力强大，我们初到荆州，应该借助刘备，安抚地方。为曹操树敌，为我们扩大同盟，这是上策。"

曹操听说孙权把荆州借给了刘备，他正在写信，吓得笔都掉到地上。

联曹袭刘：

关羽水淹七军之后，司马懿建议曹操围魏救赵："孙权、刘备，外表亲密，内心疏离，孙权不会愿意看到关羽胜利。可以劝说孙权，牵制关羽的后方，许诺把江南封给他，樊城之围，自然解决。"果然孙权派吕蒙袭击公安县，背后捅了关羽一刀。

当他取得荆州、斩杀关羽之后，却又毫不客气地把首级转送给曹操，让曹操为他分担刘备的怒火，又以诸侯之礼安葬关羽的尸骨。

称臣曹魏：

刘备声称为关羽复仇，大兵伐吴，魏国也伺机而动，东吴无力两面作战，孙权向曹魏称臣，送还于禁。

文帝派人授予吴王封号。东吴群臣讨论，认为不应接受魏国的封号。孙权说："当年刘邦接受项羽拜汉王，这是当时的需要，又有什么关系呢？"于是俯首称臣。

魏国让他把儿子送去做人质，他先是指天为誓，然后东找借口西找借口死活不答应，曹丕等得不耐烦，派遣三路大军伐吴，当时孙权内部蛮夷尚未归顺，内乱未息，所以孙权用很恭谦的语气写了封信，说自己一定改正错误：

"如果我的错误太大，不被赦免，我将奉上土地和百姓，恳请把我安置在交州，让我了此余生。"曹丕还以为有戏，催他赶快把孙登派到朝廷来做人质，答应孙登一到，立刻退兵。

和刘和曹：

没想到这只是缓兵之计，他就是不想送质子，谈判无果，孙坚自称吴王，沿江拒守。随后，派人前往白帝城见刘备，想要重归于好，同时，依旧和曹丕眉来眼去。他的年号黄武，也是来自曹丕的黄初，加上刘备的章武，合并而成，两家都不想得罪，建元而不称帝，也留下魏、蜀两国的面子和谈判的余地。

曹操煮酒论英雄："今天下英雄，唯使君（刘备）与操耳。"江东孙策，终究算不上英雄，等到孙权上台，曹操感叹："生儿子就该像孙权，刘表的儿子如同猪犬！"如果我们用性格色彩的语言来翻译，**曹操认为，只有黄色才配当英雄，红色等于狗熊，以黄色为主色的孙权比以红色为主色的孙策更能让曹操佩服。其中最主要的一点，是隐忍。**

勾践卧薪尝胆，韩信受胯下之辱，张良为圯上老人穿鞋，刘邦封韩信为齐王，都是忍耐的典型。曹操初迎汉献帝至许昌，以曹操为大将军，袁绍为太尉。当时标配的五个正国级的职位，按地位排序应该是太傅、大将军、太尉、司徒、司空，袁绍位在曹操之下，拒绝接受。于是曹操将大将军让给袁绍，自己改任司空，来缓和矛盾。

但这些人，都没有孙权能忍。

性格色彩品三国

孙权在曹操和刘备之间，在联刘抗曹和向曹魏称臣两件事上，有需要就忍耐，有利可图就翻脸，在忍耐和翻脸之间，切换自如。没有永远的朋友，只有永远的利益，是孙权的座右铭。

他可以把妹妹嫁给刘备，可以把荆州借给刘备，可以向小字辈称臣，只要有需要，低到尘埃里也无所谓。

我们来看看孙权自己怎么说。群臣劝他称帝，他推辞说："汉室消灭，不能救亡，还有什么心思要争着当皇帝呢？"大家都劝他说这是天命啊，符瑞出现啊，即便众人强烈要求，孙权还是不同意，说："当年刘备从西面打过来，所以由陆逊抵抗。曹丕说是想帮我，其实就是想要挟我。我不接受他的册封，曹魏就会发兵来打我，西、北一起开打，两面受敌，情况就不妙了，所以我压抑自己，接受封号。我为什么低声下气、忍辱负重，大家还不太明白，今天我就讲讲清楚。"

直到同辈刘备称帝八年、死去六年，小辈曹丕称帝九年、死去三年之后，他才慢悠悠地称帝。俗话说，"天无二日，土无二王"，可他称了帝，还派人到成都，建议"二帝并尊"。

所以陈寿说他："委屈、忍辱，和勾践一样，是英雄豪杰。因此，他能独占江南，三足鼎立而居其一。"

黄色忍辱负重，委曲求全，红色就做不到。

曹操死后，刘备也派人去吊唁，请求蜀、魏和好。为什么呢？要打东吴啊。曹丕政治不成熟，不懂得这一套，讨厌他借着丧事求和好，把使者一刀斩了。

等到刘备进攻东吴，孙权向曹丕称臣。

大家纷纷祝贺，只有刘晔说："刘备大举兴兵，孙权生怕我们趁机进攻，之所以投降，一来可以防止我们进兵，二来借我们疑惑刘备。天下三分，吴、蜀相互救援，才是小国之利。现在他们自己自相残杀，是上天要他们灭亡。应该兴起大军，渡江攻击。蜀国和我们两路进攻，吴国必亡。吴国一亡，蜀国势单力薄，必然不能久存。"

曹丕说："别人称臣，还去讨伐他，这会使天下愿意归附我们的人产生疑心，不好。不如接受吴国的投降，袭击蜀国后方。"

刘晔说："蜀远吴近，听说我们打它，就撤军了，我们也拿他们没办法。如果我们讨伐吴国，刘备知道吴国必亡，一定会很高兴地进军，和我们抢地盘，绝不会改变计划，遏制怒火，去救援吴国。"

曹丕不听。

黄色的刘备，不惜和仇敌和好，只为了夺取荆州。同样以黄色为主色的孙权，不顾刘表杀父之仇，也要派鲁肃去荆州吊丧；不惜卑躬屈膝，向着小辈曹丕称臣，只为了守住荆州。而以红色为主色的曹丕，为了名声，不愿意跟蜀国一起灭吴，放弃了统一天下的大好时机。

职场上难免会碰到不顺心的事，天天工作到深夜还做不完功课，不是自己的错可还是功败垂成丢了单子，接了客户电话一句话还没说就被骂了十五分钟，特别是被领导叫去训斥，甚至罚去面壁思过，红色年轻气盛拍桌子走人。但天下乌鸦一般黑，难道自己不改进换个环境就好了吗？蓝色回去愁肠百转纠结万分，郁闷在胸久久不能平息。绿色倒好，逆来顺受，似乎从来没发生过。黄色如果觉得自己能够争取，一定要排除万难，如果权衡下来，觉得对自己有利，干吗要情绪发作呢？干吗要抗拒逃避呢？该委曲求全就要委曲求全，这是一种手段，达到终极目标的一种手段，既然是手段，就无所谓委屈了。

笑杀景升豚犬儿——立嗣篇

选择继承人，红色更多考虑感情因素，而黄色更多考虑事业因素。以红色为主色的袁绍、刘表，犹豫不决，没有及时确定继承人，导致政权交接出现混乱，以致国家分裂和灭亡。

而以黄色为主色的曹操、孙权，试图在潜在接班人之间挑起争斗，明地里实行优胜劣汰，暗地里保持自己的主导权和威信，结果导致了更大的混乱。黄色的刘备不惜杀死跟随自己多年的养子，保障继承的顺利进行，但继承人不靠谱，蜀国反而最先灭亡。

◎袁绍想传位小儿子做了什么导致兄弟阋墙？

袁绍三个儿子：袁谭、袁熙、袁尚。

大儿子袁谭聪慧，小儿子袁尚漂亮。袁绍宠爱后妻刘氏，刘氏偏爱袁尚，净吹枕边风，袁绍也认为袁尚英俊，想让他继位。于是把袁谭过继给死去的哥哥袁基，让他出任青州刺史。

沮授劝阻："这是祸乱的开始。选继承人，两条基本原则：第一，早定名分，其他候选人就不会有想法；第二，年纪差不多就看才能，德行差不多就占卜决定。"

袁绍自以为是地想了一个好办法,他说:"我想让儿子们各自治理一州,看看他们的才能如何。"又任命袁熙为幽州刺史,外甥高干为并州刺史,把最宠爱的小儿子袁尚留在身边。

这一放,袁谭看到了希望,他非常努力。当时青州六郡,只有平原属于袁氏的势力范围。袁谭先后击败齐国的田楷、北海的孔融,将整个青州纳入囊中,当时百姓无主,欣然拥戴。

从激励来说,竞争是对的。这时候,虽然袁尚受袁绍和刘夫人宠爱,但袁谭是长子,也证明了自己很能干,理所应当被立为继承人,袁绍就更犹豫了。

袁绍迟迟不说明到底立谁,袁谭立了大功,也给了很多人希望。于是,袁绍手下文武,就各自拉帮结派投诚效力了。颍川系的辛评、郭图和袁谭要好,而中间派逢纪、冀州系审配的骄奢淫逸为袁谭所痛恨,所以他们和袁尚要好。

如果袁绍不早死,如果官渡之战后袁绍清楚明白地立袁谭为继承人,胜负尚为未知数。

还没等下定决心,袁绍悲愤交加,一命呜呼。辛评、郭图借口袁谭是长子,拥立袁谭;审配、逢纪恐被辛评、郭图所害,拥立袁尚。

合则两利,分则两害。曹操渔翁得利,各个击破,拉一个打一个,如秋风扫落叶,最终统一北方,袁氏三兄弟都死于非命。

坟土未干,而宗庙被毁。归根结底,这是袁绍举棋不定落下的祸根,引发

性格色彩 品三国

的动荡和失败。

皇帝、诸侯,包括公司老板,都会面临无数的决策,这些决策,可能影响到一个人的录用、晋升或者革职,可能影响到一方土地是否安宁,一个公司是否赚钱,但几乎所有的决策,都比不上选择继承来得重要。

企业老板选择继承人,通常意义上的核心问题是:谁更有才能,能继承我的事业并发扬光大?不过皇帝、诸侯、家族企业,可能有更多的感情因素起作用,谁的长相、行为风格比较像我?我喜欢谁?或者干脆家业一分为二,各走一边。

通常来说,红色更看重感情因素(立爱),黄色更看重事业因素(立贤),至于蓝色,会更多考虑传统和道德因素:嫡长子继承制(立嫡、立长)。

当然,这并不意味着红色和黄色不看重传统,比如,红色可能会屈服于传统和舆论的力量,黄色也会考量传统所带来的力量,把它当作一个砝码。

以红色为主色的袁绍看来,我虽然喜欢小儿子,想要立他为继承人,但传统和幕僚给了我压力,再说我觉得大儿子也不错,反正我还不老,不急,我先每个人派一个州,免得他们老嘀咕,等等再说,也许问题就自然解决了呢?这是我们开篇就讲的拖延症。

然而,无论哪种方案,立嫡、立长、立贤、立爱,越早确立继承人,越有利于内部的团结和稳定,不容易在政权交接期发生变乱。齐桓公一代霸主,就因为没立太子,临终五子相争,死了也没人安葬,六十七天还没入土,尸虫都爬出窗外。

笑杀景升豚犬儿——立嗣篇

而有两个以上的儿子占有相同或相近的条件时，发生冲突的可能性最大。李世民玄武门之变正是如此。Legal Sea Foods①创始人乔治·伯克维兹的两个儿子参与公司工作15年，他们都认为自己对企业成功做出了相当大的贡献。而当他任命大儿子罗杰担任CEO，任命小儿子负责所有非餐饮业务的CEO，两人头衔相同，薪水相同，小儿子愤然离去，父子不相往来，只在法庭上见面，但幸好是乔治决策早，罗杰带领公司继续走向辉煌，现在已经有三十多家连锁餐厅。

汉末处于战乱，军阀们各有外患，所谓攘外必先安内，内部稳定，才能对外扩张，无论你倾向于哪种方法、哪个候选人，都是早定早安生。

系列片《挑战大自然》《幸存者》的执行制片人马克·伯耐特在总结《挑战成功》的要素时，用了七个章节的名字：《只重结果》《勇于面对失败》《明智选择合作伙伴》《毅力中见品格》《无论对错，速做决定》《制定能够达到的目标》《努力向上，超越，再继续前进》。七个要素基本上就是黄色指南，所以黄色事业上的成功，不出意外。其中就有一条"无论对错，速做决定"。

> 有些公司针对总监或经理以上职位，有继承人（successor）清单，就是这个道理。无论主动离职，还是被动开除，或者意外发生，上司和HR就可以根据继承人清单，看看有哪些可能的人选，可以用清单上的人，也可以另行挑选，但至少有几个人选，不会临时被动。清单固然只是清单，如何对这些人进行培养，给他们机会成长，让他们能够承担更大的责任，才是清单最重要的作用。

---

① 波士顿著名海鲜连锁餐厅。

性格色彩品三国

◎ 为什么刘表不得不废长立幼？

刘表临危受命，出任荆州刺史。荆州大小宗族结伙为盗，袁术又屯兵鲁阳，挡住道路，刘表单人骑马入宜城，邀请荆襄名士蒯越、蔡瑁共商大计，依靠他们的支持，迅速平定荆州全境，地方几千里，士兵十几万。对内除暴安良，对外守卫边境，部将黄祖射杀孙坚，袁术铩羽而归。

刘表狐疑不决，依违于曹操、袁绍之间，坐山观虎斗，和袁绍联盟，却虚与委蛇，和曹操不对路，但却从不曾发兵，骚扰后方。

结果可想而知，无非是坐以待毙，无论曹、袁哪方获胜，统一北方，总有一天要来攻打荆州，到时候又该怎么办呢？刘表似乎从来没想过，他只管过一天是一天。

这也不全是坏事，境内平安无事，北方战乱大家纷纷跑来荆州避难，仅仅士人就数以千计。

可刘表从来没有尝试扶持这一群体，文如伊籍、武如甘宁，都只算点缀。甘宁的武功在三国稳居前二十，伊籍是后来和诸葛亮、法正一起为蜀国制定刑法的五人组成员之一。人才如此，刘表却轻易放过。建安七子之一，同时又精通算术的文理全才、流亡荆州的王粲是这样说的："到荆州避难的士人，都是天下才智杰出之辈，刘表不知道任用，所以国家面临危难而无人辅佐。"

这一群体，至少包括来自颍川的司马徽、徐庶、石韬，来自汝南的孟建，来自博陵的崔州平，来自琅琊的诸葛玄、诸葛亮叔侄等人，还有出自襄阳但跟这些避乱人士混在一起的庞德公、庞统叔侄。

笑杀景升豚犬儿——立嗣篇

两个派系相互制衡，是常见的政治平衡手段，曹操有颍川系、谯沛系，刘备有荆襄系、东州系、益州系，孙权有淮泗系、江东系。只重用一个派系，会造成人才的流失，难成大事。况且，一家独大，对政权的巩固也不利。

袁绍得冀州、孙氏占江东以及刘备入蜀，都是以强龙压倒地头蛇，外来势力夺取政权之后再吸收本土力量，袁绍得冀州，很明智地扶持了冀州本土集团，甚至把冀州系置于颍川系之上作为牵制和抗衡，孙权任用江东大姓，刘备娶刘璋旧部的妹妹，都是如此。

即使上任时没有带上打手，刘焉入蜀，收罗从京畿、南阳逃到益州的流民，号为"东州兵"，用以平衡益州本土集团。而红色的刘表从一开始就只借助了荆州本土力量。他手下，除了蒯、蔡两家之外，韩嵩、刘先、文聘，还有向朗、李严、韩暨，也都是荆州人。

为什么刘表放着这么多人才不用呢？胆小怕事。刘表担心这样做会造成两个集团之间的矛盾，担心这样做会开罪荆襄系，跟荆襄系闹翻。因此，他只有倚重荆襄系，还娶了蔡瑁的姐姐蔡氏为后妻。

对内如此，对外也如此，刘表依违于曹操、袁绍之间，既怕和袁绍共进退，等曹操灭了袁绍向自己问罪，又怕和曹操联盟，等袁绍灭了曹操讨伐自己。

结果，尾大不掉。

成也荆襄系，败也荆襄系。

刘表有两个儿子：刘琦、刘琮，大约都不成器，曾在荆州任职的甘宁只用一个字评价两个人："劣！"又说，"不是能传承基业的人。"

性格色彩品三国

和袁绍一样，刘表认为刘琦相貌长得像自己，非常喜欢。可自从刘琮娶了蔡瑁的侄女，蔡氏自然而然地喜欢刘琮、厌恶刘琦，天天吹枕边风，刘表也渐渐地改了主意。蔡瑁、刘表的外甥张允也都和刘琮交好，常常称赞刘琮，诋毁刘琦。

《三国演义》里讲到刘表和刘备饮酒，长吁短叹，说："我有心事，不能明说。"第二次饮酒，潸然泪下，说："刘琦柔懦不能成事，刘琮聪明。要废长立幼，这不符合礼法，要立长子，蔡氏掌握军权，日后必定生乱，因此犹豫不决。"

从这点来说，年幼、软弱的刘琮，是荆襄系中意的代理人。选代理人，除了年纪要小，当然是绿色的好，其次是红色，容易控制。

刘表没有选择，他不敢跟荆襄系闹翻。

刘琦自告奋勇守卫江夏，逃离襄阳，以求自保。刘表一死，蔡瑁、张允立刻拥立刘琮。刘琮把刘表成武侯的印绶给刘琦，刘琦大怒，摔到地上，准备奔丧发难。

眼看又是一场兄弟血战，不料曹操大军南下，刘琦逃往江南，刘琮在荆襄系的鼓动下，投降曹操，把父亲的基业轻易拱手让人。

如果说红+黄的袁绍，最终的决定是出于自己的主张，好心办成坏事，儿子们各领一军考察实战，多少有黄色的一面，那么红色的刘表，是屈从于荆襄系的压力，无可奈何的选择。

◎贾诩哪一句话立刻说服了曹操？

曹操有二十五个儿子，就不一一数过来了，只介绍几个登场人物。原配正室丁夫人，抚养曹昂长大。继室卞王后，生有曹丕、曹彰、曹植、曹熊四子。环夫人，生曹冲。

长子曹昂，死于征张绣之役。曹冲称象，大家都知道，可见他幼年的聪颖，曹操非常喜欢，曹昂死后，打算传位给他。可惜，他在十三岁时病死了，曹操非常悲痛。曹丕宽慰曹操，曹操说："这是我的不幸，却是你们的幸运啊。"

退而求其次。进入大名单的，只有曹丕、曹彰、曹植三人。先说曹彰。曹彰没有政治头脑，只想当将军，有出息，但出局。剩下曹丕、曹植。

建安十六年，封曹植、曹彰等三子为侯，同时任命曹丕为五官中郎将、副丞相，这实际确立了曹丕的世子地位。此前后，曹丕至少两次留守邺城。帝王亲征，太子留守监国，这是惯例。

但毕竟窗户纸还未捅破，曹植还有机会，再说，不捅破不就意味着某种态度吗？

论文采，才高八斗的曹植，当然在曹丕之上。曹操看了他的文章，问："请人代写的吧？"曹植跪下，答："我能出口成章，下笔成文，可以当面考试，怎会请人代写？"铜雀台成，曹植作赋，一挥而就，文采可观，曹操很欣赏。

曹植喜欢简便，不讲究威仪，车马服饰，不崇尚华丽，这都很对曹操的胃口。每次提问，应声作答，因此深受曹操的喜爱。

曹丕、曹植兄弟争夺名士邯郸淳，曹操将邯郸淳判给曹植。到建安十九年，曹操征孙权，改由曹植留守邺城，还说了一段殷切勉励的话："我当年任顿邱县令，是二十三岁，回想当年所作所为，没什么可以后悔的。你今年也二十三岁了，能不努力吗？"

这件事，这段话，可以引起无限的遐想，也等于是在挑起兄弟之间的矛盾。

从曹丕来看，自己的地位受到严重威胁；从曹植来看，有一争的可能，而事实上，曹操也在纠结，到底该立谁做太子？

曹操决定，秘密征询意见。杨俊、邯郸淳、丁仪都称赞曹植的才能，丁仪的弟弟丁廙更是赞赏曹植天性仁爱、孝顺、聪慧、敏捷、学识渊博、文章超群，天下老少贤才都愿意和曹植交往，愿意为他而死。支持曹丕的有毛玠、邢颙、桓阶等人，不出两个理由：第一，立长子是大义，人间正道；第二，曹丕的仁、孝、聪明，也在诸子之上。崔琰是曹植岳父的弟弟，但他却公开支持曹丕，宣称到死也不改变这个看法。

再来看曹丕、曹植的表现。史书上说，曹丕"掩盖真情，粉饰自己"，一切都是为目标服务，只要对目标有利，就是真情。曹操出征，曹植写了长长的文章歌功颂德，曹操很高兴。曹丕怅然若失，幕僚吴质耳语："哭就行了。"曹丕泣不成声，哭得曹操和左右抽泣凝噎，于是大家都觉得曹植华而不实，不及曹丕心诚。

而曹植随性而行，放纵不拘，喝酒也不加节制。樊城一战，曹操打算任命曹植领兵救援曹仁，不料曹植大醉，没法接受军令，曹操很不高兴。

曹植又曾驾车在驰道（帝王专用道路）上奔走，还私开宫门外出，曹操很生气，说："各位，知道我为什么出去打仗都要带上儿子们吗？我就怕我前脚走了去打仗，他们后脚就不知道去干什么了。"

曹丕的家人也很帮忙，甄妃非常孝顺，郭夫人为他出谋划策，而曹植的妻子穿锦绣衣服，被生性节俭、不喜奢华的曹操看见，以违反规定为由赐死。

两人招揽人才的功夫都不差，曹丕有五官中郎将夏侯尚、刘廙、苏林，还有建安七子中的徐干、应场，曹植也有临菑侯文学郑袤、邯郸淳。

曹丕的智囊团更为强大，太子四友之中，司马懿、陈群，都是后来魏国顶尖的人才，加上吴质；曹植的丁仪、丁廙加上杨修，根本不在一个档次上。

论与朝廷大臣的联络功夫，曹植只在自己的小圈子里打转，曹丕显然技高一筹。荀攸生病，曹丕探视，拜倒在床下。他又向贾诩请教该怎么巩固自己的地位，对邴原、张范执子孙礼，吹捧钟繇："日夜尽职，无暇安逸，百官效法，是为楷模。"

除了大臣，还有宫中左右、弟弟曹干的母亲受宠，也帮助曹丕吹了不少枕边风。

最后，就是贾诩那句话了。曹操私下问贾诩，贾诩沉默不答，曹操说："我在和你说话，你怎么不回答？"贾诩答："在想袁绍、刘表父子的事。"曹操大笑，下定决心。

建安二十二年，立曹丕为太子。曹丕高兴地抱着辛毗的脖子说："你知道我有多高兴吗？"

性格色彩品三国

三年后，曹操去世，整个交接过程总体来说是顺利的，这就是早立太子、明定继承人的好处了。

黄色相信社会达尔文主义，欣赏这种相互竞争的方式选择继承人，继承人之间争夺现任的信任、员工的支持，甚至相互厮杀本身也符合优胜劣汰的自然法则，选出来的继承人通常比较强大，有利于国家或者公司的延续和发展。清秘密立嗣，等于看着皇子们自相残杀，虽然残酷无情，但比之嫡长子继承制，仍不失有效。

曹操一向不在意礼法，立嫡、立长这一类的规范，对他不起作用。他选人，才能第一位，德行放一边，不管黑猫白猫，能抓住老鼠就是好猫。选继承人也不例外，最核心问题是：谁能继承大业，统一天下？

曹丕的儿子曹叡，深得曹操喜欢。对红、黄而言，有个好孙子都是加分项，但红色更倾向于对最喜爱的孙子，而黄色更关注于孙子能否继承事业。此前，季历有个好儿子姬昌，两个哥哥逃亡，把继承人的位置让给他，以便季历继承部落然后再传给姬昌，此后，解缙一句"好圣孙"，为明成祖确定了朱高炽的太子之位。

当然，最重要的还是贾诩那句话："在想袁绍、刘表父子的事。"袁绍、刘表废长立幼，终致河北、荆州大好基业归于他人，舍曹丕而立曹植，会不会重蹈覆辙？听了这句话，就算黄色再喜欢小儿子，为了江山大业，也立马废掉。

另外一个黄色刘备，早在自称汉中王时，就立了刘禅为太子，继承权早已确立，刘永、刘理也没听说过有啥大本事，刘禅又得到诸葛亮的支持，所以没有发生争夺。唯一的小问题是，刘备早年收养的养子——刘封，刘备逼他自杀，解除后顾之忧。这招更狠，可惜继承人不靠谱，蜀国反而最先灭亡。

笑杀景升豚犬儿——立嗣篇

◎为什么曹丕狠心对待兄弟？

陈寿评价曹丕："文帝天赋文采，下笔成章，博闻强记，才艺兼备。如果能加上宽宏的气度，公正平和的诚心，那就和古代的明君相去不远了。"

过当说得比较委婉，意思就是，他心胸狭窄，气度不足，记仇。

曹丕当太子的时候，有几桩旧怨：鲍勋曾不听曹丕的请托，将郭夫人（后来的郭后）的弟弟治罪，曹丕即位后，找借口将鲍勋处死。曹洪富有而吝啬，曹丕曾经借一百匹绢，曹洪没搭理，曹丕怀恨在心。后来，以宾客犯法为由，将曹洪下狱，判处死刑。大臣求情，都没有用。卞太后气愤地说："当年如果曹洪没有把马让给你爸，我们怎么会有今天。"又对郭后说，"今天皇帝处死曹洪，明天我就让他废掉皇后。"于是郭后哭着求情，曹洪才免于一死，免官、削减封地。

夏侯渊的儿子夏侯尚娶了曹家人，但他宠爱小妾超过正室，曹丕便派人把小妾缢杀了。

于禁投降关羽，后来回到魏国，曹丕一面用荀林父、孟明视的故事安慰他，恢复他的官职，一面又让他去拜谒曹操的陵墓（那里事先画上了关羽英勇、庞德愤怒、于禁降服的样子），于禁惭愧发病而死。

司马光讥讽说："像于禁这样的，文帝可以免官，可以杀他，但在陵墓里作画来羞辱他，真不像一个君主做的事！"

更严重的体现在曹彰、曹植兄弟身上。

性格色彩品三国

曹丕对兄弟们抱有很深的戒心,对他们不遗余力地进行打击。初即王位,就让曹彰、曹植回封地去,避免他们在京城生出事端。

不久,诛杀曹植的亲信丁仪、丁廙及全家男丁。丁仪是谯沛集团早期唯一一个比较像样的谋臣。

杨俊支持曹植,曹丕借口市集管理不当,把他抓起来。王象叩头不止,血流满面,为杨俊求情,曹丕不答应,转身要走。王象抓住曹丕的衣服,曹丕回头说:"我知道你受他提拔,今天听你的,就没有我。你宁愿没有杨俊,还是没有我?"王象只好放手。杨俊自杀:"我知罪。"王象恨自己不能救杨俊,发病而死。

曹丕制定法律,对待诸侯王非常严厉,诸侯不能待在京城,必须回到封地,手下都是些很差劲的人,士兵都是些老弱病残,还不能超过两百名,诸侯游玩狩猎不得超过封地三十里,姻亲不能来往,又派官员进行监督防范。北海王曹衮谨慎、好学,没有过失。这些监察官员合计:"有过错应该报告,有美德,也应该奏闻。"于是联名上报。曹衮惊恐不已,责备他们:"你们这样报告,是给我找麻烦,要我的命啊。"

曹植更是重点打击对象,被曹丕立酒后违逆不敬、胁迫使者等罪名,降为安乡侯,士兵减为一百名。十一年间,三次迁徙封国,闷闷不乐,抑郁而终。据说曹丕让他七步成诗,曹植应声而答:

"煮豆持作羹,漉菽以为汁。萁在釜下燃,豆在釜中泣。本自同根生,相煎何太急!"

高堂隆临终上疏,说:"应该预防野心勃勃的大臣,在朝廷内部发起变

笑杀景升豚犬儿——立嗣篇

乱。可以选择诸侯王，让他们治理封国，掌管军队，分布各地，安抚京畿，护卫皇室。过去周室东迁，依靠晋、郑，汉代平息吕氏之乱，有赖于朱虚侯刘章，这是明证。"

曹丕死时，曹叡已经二十一岁，明明就该亲政，可他偏偏要召来曹真、陈群、曹休、司马懿，共同辅佐。为什么？为了让他们互相牵制，用陈群和司马懿防范曹真，再用这几个人一起防范曹植。

王夫之说："魏国的灭亡，亡于曹操偏爱曹植，而曹植想要夺取继承人之位的时候。兄弟之间，相互猜疑，拱手把国家让给别人，冰冻三尺，非一日之寒。"

优胜劣汰的方法必然会造成兄弟不和，鱼豢说："贫穷的人，不用学习，自然节俭；卑贱的人，不用学习，自然谦恭。这不是性格的差别，而是环境造就。如果曹操早些制止曹植的行为，曹植怎么会有非分之想呢？曹彰心怀怨恨，尚且没有行动，曹植又能发动什么变乱呢？而杨修因此遇害，丁仪因此族灭，悲哀啊！"

但面对王朝或皇朝的继承权，除了孤竹国的伯夷、叔齐，周文王的伯伯太伯、仲雍，照惯例是没有温良恭俭让的。郑庄公砍了弟弟，公子小白杀了哥哥，重耳被后母迫害，流亡十九年，未央宫吕后把戚夫人剁成人彘，玄武门李世民射死了哥哥、弟弟，万岁殿赵光义烛影斧声害死了哥哥。

但是，尘埃落定之后，就必须转回正轨。曹丕、曹叡对曹操的直系宗室实行严厉的看管，怕什么？怕夺权啊。但是事与愿违，司马懿发动高平陵之变，搞定曹爽之后，曹氏宗室根本没有能力反扑，致使司马氏顺利代魏为晋。

就算你不想用你的兄弟，至少也得用他的部下，公子纠的谋臣管仲谋杀公子小白，可是小白成为齐桓公之后，听从鲍叔牙的劝告，任用管仲，终于称霸天下。玄武门之变，秦王府将领打算把太子李建成、李元吉的左右将领全部处死、抄家，尉迟恭争论说："既然两元凶已经伏诛，牵连党羽，不是求安定之道。"于是大赦天下。魏征曾经劝说太子早点下手，还有王珪、韦挺等人，都获得任用，魏征还进入了凌烟阁二十四功臣之列。

曹丕毕竟还是以红色为主色，还在斤斤计较旧日里的恩怨，当初你只是继承人，有人不听你的话，也很正常，现在你当了老板，本该把恩怨放在一边，以国事为重，你还在纠结，就不称职。

◎为什么孙权要在儿子之间搞平衡？

孙权七子：孙登、孙虑、孙和、孙霸、孙奋、孙休、孙亮。孙权先立孙登为太子。孙登是长子，又是个好孩子，史书上夸得天花乱坠：知书达理，去狩猎会避开农田，休息会选择空旷的地方，以避免扰民。有次弹丸从身边飞过，附近正好抓到一个拿弹弓的人，左右就要揍人，孙登拿来弹丸作比较，发现冤枉了好人。属下丢失了金马盂，也只是责备、遣返了事。

孙权为他挑选的朋友也不错，诸葛瑾的儿子诸葛恪、张昭的儿子张休、顾雍的孙子顾谭、陈武的儿子陈表，号为"四友"。

然而孙权却宠爱三子孙和。孙和少年聪颖，孙权常常把他留在左右，赏赐衣服、宝玩珍异，诸子没有能和他相比的。孙登待以兄长之礼，常常有让位之心。要知道孙登比孙和大整整十五岁，说是兄长之礼，让位之心，更多的应该是感受到孙权改嗣的压力。

这个只能是猜测，因为不久孙登命薄如纸，死了。孙虑死得更早，于是孙权立孙和为太子，孙和勤奋好学，礼贤下士，受人称赞，也是棵好苗子，大家都很支持。

不料孙权又偏爱起孙霸来。立孙和为太子的同一年，仅仅七个月后，孙权封孙霸为鲁王，礼仪待遇，与孙和不相上下。或者在孙权看来，只是提升鲁王的待遇，但在天下人眼里，就是贬低太子的身份，造成了混淆。是仪三番五次上书要求区分两人的待遇，孙权都置之不理。

孙和的母亲王夫人与步夫人不和，步夫人的女儿孙鲁班在老爸面前总讲王夫人和孙和的坏话，告发孙和祭祀祖庙偷偷离开，又说王夫人看到皇上卧病在床，面有喜色。孙权大怒，王夫人抑郁而死，孙和也没以前那么受宠了。

孙和固然冷暖自知，心中不安，唯恐遭到废黜，孙霸则看到了机会，滋生觊觎之心。

在孙权的故意挑拨下，从侍从到宾客，两派人相互仇视，渐渐蔓延到满朝文武，分成实力相当的两派：

太子派：正国级陆逊、诸葛恪、施绩；副国级朱据；部级顾谭；副部级滕胤、吾粲；国务秘书丁密等。

鲁王派：正国级全琮；副国级步骘；部级吕岱、吕据；中央政府秘书长孙弘、诸葛绰、全寄、吴安、孙奇、杨竺、孙鲁班、孙峻等。

到了这个地步,孙权很担心,说:"儿子闹矛盾,臣下分派系,只怕将来像袁绍一样失败,为天下所耻笑。"

于是,两败俱伤,太子被废、流放,鲁王赐死。参与事件的大臣,遭诛杀的、被流放的、被灭族的,不下二十人。

孙权又越过孙奋、孙休,立小儿子孙亮为太子。孙亮很聪明,三国知名的天才儿童之一,是块当皇帝的料子。

但问题是,当时孙权已经六十九岁,风烛残年,可孙亮才八岁。这是一个两难的问题,接班人太强,未免威胁在位者的地位,可能遭到暗算或清除,但接班人太弱,继任后就无法控制局面,或者被取代,或者成为傀儡。

一年后孙权中风,想想还是觉得应该把孙和召回来,却被全公主等人劝阻。第二年春孙权去世,孙亮年幼,不可能掌控朝政,同时,大臣们或杀或废,也使得朝中无老虎,猴子称大王,孙吴政权就进入权臣时代,诸葛恪、孙峻、孙綝,依次专权,皇帝成了傀儡。

陈寿在夸奖孙权有"勾践之奇"的同时也指出:"然而性情猜忌,杀伐果断,越到晚年,越加严重。听信谗言,继承人或废或死,孙吴覆灭,未必不是由于这个。"

以黄色为主色,孙权有掌控自己和他人命运的强烈愿望。

按理说,明明孙策拓地千里,是东吴政权的真正奠基人,但孙权称帝后,追封父亲孙坚为武烈皇帝,而仅仅追封哥哥孙策为长沙桓王,表明孙权直接继承孙坚而来。这一招极其狠毒,把孙策的功劳一笔抹去,断了孙策后代继承东吴政权的可能性。自己的儿子封王，而孙策的儿子，却只能封侯。

他先立孙登，又宠爱孙和，孙登死后改立孙和，却又封孙霸为王，这种事很危险，楚成王本来立了商臣，又想改立王子职，结果，被迫上吊自杀；赵武灵王立王子何为赵王，却想封公子章做代王，结果被活活饿死沙丘宫；唐太宗立李承乾为太子，却把魏王李泰的待遇提高，与太子相当，有时候赏赐甚至超过太子，结果李治渔翁得利，最后武则天夺了李唐江山。

以前大家认为孙权出身寒族，不太懂得嫡庶的区别，后来又有人说孙权安排下大阴谋要对付吴郡士族，这都有些道理，但我觉得，性格可能更能解释这一问题。

推测黄+红的心理，孙权更多的是想在两人之间取得平衡，避免大臣都看重继承人，而忽视了自己。孙登被立为太子，孙权就要拿孙和来做对立面，自己居中稳坐泰山。等到孙和成了太子，孙权已经六十一岁，支持孙和的人太多，导致了孙权的嫉妒。手下的倾向让他感到了竞争，凭什么你们都要去讨好我儿子啊？想争权？等我死了再说。现在我还是老大，你们讨好我才对啊，这才树起孙霸做棋子。

曹操在曹丕、曹植兄弟之间游移，至少是表面上的犹疑，挑动继承人的斗争，可以保证自己的权威。从这方面来看，红+黄的袁绍在袁谭、袁尚之间放任斗争，也有黄色的因素在。但曹操、孙权，两个以黄色为主色的人，都很快下定了决心，无论这个决定是对是错，但以红色为主色的袁绍，临死也没个决断。

从结果来看，有权力、有战功、有威望的大臣们的死亡以及背后派系的衰亡，为继承人顺利接班铺平了道路。但在另一方面，黄色看不到人才的丧失，

性格色彩品三国

缺乏对权臣的制约，使得权臣更容易上位，同时人才的丧失，也导致了东吴迅速衰落和最终的灭亡。朱元璋把功臣都杀了，当然是希望太孙的江山稳固，可没想到等到有人造反，也没人帮他太孙守江山了。

金陵王气黯然收——归晋篇

性格色彩品三国

三马食槽、三分归晋，代替曹魏，统一天下的是司马炎，但奠定基础的是他的祖父司马懿、伯伯司马师和父亲司马昭。三人的黄色在这个过程中起到了决定性的作用，特别是司马懿忍辱负重，两度装病，逃过了曹操的屠刀，获取了曹丕和曹叡的信任，骗过了曹爽，一举夺取了实际控制权。相比而言，曹家两个红色后代，曹爽幼稚、轻信，曹髦冲动、不计后果，最终断送了江山。

◎为什么李宗吾读到司马懿接受妇女服饰就认定他能一统天下？

不同性格的人，教育方法也不同。蓝色的华歆对子弟要求很高，即使在家里，礼仪也像在朝廷上那样严肃，而红色陈纪兄弟实行慈爱的办法，两家都不失和睦安乐。蓝色的顾雍家教极严，孙子顾谭在宴会上起舞，顾雍内心生气，但没有当场发作。第二天，把顾谭叫来，厉声斥责："将来祸害我家的一定是你。"说完，顾雍背过身，面向壁卧，顾谭立着悔过两小时，才被赶了出去。而红色的诸葛瑾认为儿子诸葛恪不能保全家族："诸葛恪不会使家族兴盛，只会使家族满门流血。"常常为此忧虑伤心，却没有采取什么行动防微杜渐。

如果说孙家是红、黄两色的遗传，那么司马家，更多是黄色的遗传。司马懿的老爸司马防，在家里实行黄色的军事化管理，八个儿子都已经成人，甚至当了大官，但在家里，都是毕恭毕敬，不让进门不敢进，不让坐下不敢坐，不问话不敢说话。

早在司马懿二十岁出头，曹操就让他出来做官。司马懿声称得了风痹病，饮食起居都不能自理。曹操派人在夜间去刺探，司马懿躺在床上，一动也不动，得以蒙混过关。

有天晾晒书籍，突遇暴雨，司马懿爱书心切，不由自主地从床上一跃而起，跑去收书，被家里一个婢女看到，司马懿的夫人张春华，担心装病泄露遭来横祸，亲手把婢女杀了灭口，自己烧火做饭。黄色夫妻档，最厉害的是刘邦和吕后，其次就要数这两位。不赢天下，还真是对不住这性格。

过了七年，曹操对使者说："司马懿这小子，要是再耍滑头，就把他逮起来。"没办法，司马懿只好出来做官，跟着曹丕混。

据说，曹操察觉司马懿有雄心壮志，听说他有狼顾之相，就是可以身子不动脑袋向后看，传说这种人像狼一样狡诈残忍。俗话说，喂不饱的狼崽子，曹操又曾梦见三匹马（姓马或者司马）同在一个马槽（姓曹）吃料，非常厌恶。于是，曹操对曹丕说："司马懿不甘心做人臣子，一定会干预朝政。"

曹丕总是保护他，而且司马懿的老爸司马防曾推荐曹操当警察局局长，大哥司马朗、三弟司马孚都在曹操手下任职，才得以幸免。

司马懿自己呢，夹着尾巴，韬光养晦，勤勉任职，废寝忘食，丁点儿小事都要亲自过问，曹操这才放下心来。

总算挨到曹操去世，曹丕对他非常信任和器重，常常受命留守，下诏：

性格色彩品三国

"我往东,你就总管西部的事务;我在西,你就总管东边的事务。"后来又受遗诏辅佐曹叡。

曹叡多少对司马懿有些担心,他问陈矫:"司马懿忠诚正直,可以算是国家栋梁吗?"陈矫回答:"司马懿是朝廷上下的人望,是不是国家栋梁,我不知道。"

与诸葛亮作战,弟弟司马孚问军事,司马懿回信说:"诸葛亮已中了我的计划,打败他们是必定无疑的。"什么计划呢?拖。天下十三州,魏国占有九州,蜀汉才一州;魏国人才辈出,蜀汉后继无人,魏国拖得起。何况,狡兔死走狗烹,真要灭了蜀国,他自己也未必好受。

诸葛亮挑战,司马懿不想战,诸葛亮送给司马懿妇人的衣饰,要是别人早就跳起来,司马懿却毫不在意,将士们受不了,怎么办?他上书给曹叡请战——所谓将在外,君命有所不受,哪有千里请战的道理呢?曹叡也有意思,他任命辛毗为大将军军师,持节到军营,司马懿假装要出战,辛毗拿着象征皇权的节杖,站在军营门前,不许出战。

曹丕、曹叡短命,一个活了四十年,一个才活了三十五年。临终,曹叡托孤给大将军曹爽和太尉司马懿,由两人共同辅政。他对司马懿说:"我不行了,以后就托付给你。终于把你等来了,我没留什么遗憾。"

最初和睦相处的时期过后,曹爽将司马懿明升暗降,转为有名无实的太傅,各种事务也很少再通过司马懿。又任用弟弟曹羲、曹训统领禁军,亲信何晏负责选拔官员,毕轨为京畿军政长官,李胜为首都洛阳市市长,把大权抓在手里。

孙礼本来是曹叡指定给曹爽的秘书长，可曹爽打发他去做并州刺史。临行前孙礼去见司马懿，怒气冲冲，却不说话。司马懿说："你是嫌官位低吗？正当远别，为什么不高高兴兴的呢？"

孙礼火冒三丈："太傅你说的都是些什么！我虽然没有什么德行，难道会把官位和往事放在心上？如今国家危难，天下不安，这才是我不高兴的原因。"说着说着，涕泪横流。

司马懿劝他说："不要哭了，要忍受那些常人忍受不了的事。"

于是，司马懿称病，不参与朝政。称病，可以是韬光养晦，可以是假痴不癫，未必真心两耳不闻窗外事，司马懿既不是第一个这么玩的人，也不会是最后一个，曹爽还是有所顾忌。适逢李胜出任荆州刺史来看望司马懿，曹爽派他来打探虚实。司马懿做病入膏肓状，婢女服侍他穿衣服，衣服掉在地上，指着嘴巴说口渴，婢女捧来粥，司马懿连碗都拿不住，婢女喂他，粥从嘴边流出，沾满胸前。李胜说："听说明公风痹旧病发作，没想到这么厉害。"

司马懿故意用微弱无力的声音说："年老卧病，死在旦夕。你要去并州，临近胡人，要加强防备。恐怕没机会再见面了，我把司马师、司马昭兄弟托付给你。"李胜说："回本州（李胜是荆州人），不是并州。"司马懿说："你刚到并州。"李胜说："是荆州。"司马懿说："年纪大了，脑子不好使，没听明白。现在回到本州，轰轰烈烈，正好大干一场。"

李胜告退，回来跟曹爽说："司马懿只剩最后一口气了，没什么可担心的。"又说，"司马懿好不了了，令人感伤。"曹爽这才不再戒备。

不久，曹爽兄弟随天子出城谒陵，司马懿抓住机会，起兵废黜曹爽。

性格色彩品三国

红色也会忍耐，但时间一长忍不住了会爆发，蓝色通常宁死不屈，只有为了复仇才会坚忍，而黄色的忍，只要能达到目标，什么都可以忍。从曹操到诸葛亮，再到曹爽，司马懿只有一个套路：忍耐，忍常人所不能忍，免了曹操的屠刀，靠忍。拖死诸葛亮，靠忍。骗过曹爽，还得靠忍。装风痹一动不动七年都过来了，一套妇人衣饰，又算啥呢？

诸葛亮不懂得性格的差别，红色也许受不了激将法，蓝色也许觉得这是羞辱，但黄色根本不把这当回事。当年曹操、刘备、孙权三个黄色争得不相上下，割据一方，三国鼎立，谁也吞不了谁，而现在曹操、刘备已归道山，孙权垂垂暮年，黄色的司马懿一出，放眼天下，并无对手，所以李宗吾先生读到司马懿受辱巾帼这段事，不禁拍案大叫："天下归司马氏矣！"这就是黄色了。

其实李宗吾先生宣讲《厚黑学》，说脸厚心黑，也不完全是他的发明，苏轼写过一篇《留侯论》，讲："刘邦之所以胜利，项羽之所以失败，原因就在于忍耐和不忍耐罢了。"勾践心甘情愿去吴国做奴隶，韩信受胯下之辱，刘邦封韩信为齐王，曹操把大将军让给袁绍，刘备在后园种菜，孙权在曹魏和刘备之间委曲求全，都是一种忍耐，一种脸厚，所以，装个老年痴呆症，又算啥呢？

司马懿劝孙礼："要忍受那些常人忍受不了的事。"夫子自道，说出来问题的关键。如果你问："你不生气吗？"黄色的回答是："生气有用吗？生气能解决问题吗？"

如果生气有用，那就生气；如果杀人有用，那就杀人；如果忍耐有用，那就忍耐。

◎为什么曹爽轻易相信了司马懿？

天子曹芳拜谒高平陵（曹叡陵寝），曹爽兄弟都一起跟随。农业部部长桓范说："将军总理万机，兄弟掌管禁兵，不宜同时出行，如果有人关闭城门，怎么进来？"曹爽说："谁敢？"

结果，等他们一出门，司马懿马上起兵，控制太后，废黜曹爽。

曹爽在城外，不知道该怎么办。桓范假托诏命，打开平昌门，直奔曹爽。司马懿对蒋济说："智囊跑走了。"蒋济说："劣马贪恋马厩里的草料，桓范再聪明，曹爽也不会采用。"

桓范劝说曹爽和天子一起去许昌，召集外地的军队，讨伐司马懿。曹爽犹豫不决，桓范说："明摆着的事，你读书是干什么用的。这种情形，你想做平民百姓有可能吗？你跟随天子，号令天下，谁敢不从？农业部部长的印章在我手里，可以调集粮草。"

司马懿派副部级顾问许允、国务秘书陈泰劝说曹爽投降，还让正国级蒋济写保证信，保证只是免去曹爽官职而已，又派曹家家臣尹大目，指着洛水发誓，红色是典型的三人成虎，曹爽就信了。

桓范援引古今事例，百般劝说，曹爽终究不听，最后把刀一扔，说："司马公只是要夺走我的权力罢了，我以侯爵解职回家，不失为富家翁。"桓范捶胸顿足，说："曹真贤能，怎么生了你们兄弟，猪啊！受你连累，我要被灭族了！"

曹爽投降，被软禁在家中，在四角建起高楼，一举一动都被人监视。曹爽

性格色彩品三国

拿起弹弓到后花园,楼上人大喊:"前大将军向东南行。"

曹爽不知道司马懿的想法,写信抱怨粮食不足,想来测下风头,司马懿回信说:"不好意思,马上送来。"

当年楚成王被儿子商臣软禁,提出要吃熊掌,来试探商臣的态度,商臣不予理睬,楚成王上吊自杀。曹爽兄弟以为司马懿不想杀他们,哪里知道对黄色来说,给不给你吃的并不重要,重要的是在合适的时机以合适的理由把你解决掉,商臣已经掌握了朝政,老爸也就该死了,司马懿还需要时间,所以行缓兵之计。

三天后,司马懿借口曹爽反叛,诛灭,从此独揽大权。党羽全部夷灭三族,男女老幼,全部杀掉。按照当时的惯例,已经出嫁的姑姑、姐妹、女儿,都不在灭族之列,但司马懿也不放过,斩草除根,不留后患。

曹爽灭了,但同情曹家的势力还在。王凌在寿春叛变,司马懿知道后,一边派军队讨伐,一边下令赦免王凌的罪行,又派人写信给王凌劝他投降。等到王凌真的投降,司马懿又逼他饮毒自杀,相关人员,全部夷灭三族。王凌说:"你辜负我。"司马懿说:"我宁愿辜负你,也不愿意辜负国家。"

红色愿意相信人,这是好事,孙家父子就凭此建立基业。但在工作当中,只管相信人,生怕同僚或者下属多心,不肯去检查,可能导致最后完不成任务,最后老板的板子,只会落到你头上。在政治上,犯了轻信幼稚病,那可是太天真了,是要人头落地的。

吴王夫差轻信太宰伯嚭的话,允许勾践投降,最终导致灭国。汉景帝轻信袁盎,腰斩晁错,邓公说:"我恐怕天下人都不敢再提意见了。"崇祯轻信谣言，凌迟袁崇焕，导致满清壮大，最后灭亡明朝。

曹爽有皇帝在手，足可挟天子以令诸侯，桓范可以调用粮草，内有亲朋好友占据朝廷上下，外有拥曹的势力，虽不一定能取胜，也未必就失败，却因为轻信了司马懿，葬送了性命，也葬送了曹魏江山。

在江湖中，这种事很常见。有一次在不足百人的培训上，我就接连听说三个案例：最轻的一个，轻信别人，把自己的品牌授权给人，到现在还没收回来。第二个，帮助朋友创业，轻信朋友，用自家的公司签字，款项却打到朋友账上，结果遭到起诉，损失惨重，公司两个月没发出工资。最严重的一个，与朋友一起创业，"忘记"签订股权协议，结果公司有起色后，朋友翻脸不认账，无预警出局，损失一千八百万。

这三位都是红色，红色愿意真诚地相信别人，却不愿意用规则和法律保护自己，他们心里觉得，如果要签订合同，那就显得我对朋友不够真诚，不够义气。殊不知口头约定是熟人间的常态，而现代商业社会，合同才是保障所有人利益的最好工具。

> 在公司内部，红色经理也可能因为"信任"，放弃应有的跟踪，碰上报喜不报忧的下属，很可能会惹来大麻烦，等到事情败露，已经无可救药。要解决这个问题，为每个阶段、周期设置检查点，及时了解实际情况是必要的。但更重要的是，要放弃"检查就是不信任"这种致命的意识。

◎ 为什么曹髦讨伐司马昭不能成功？

司马师废黜曹芳，改立曹髦。打一开始，曹髦就是司马氏的傀儡。司马氏已实际控制政权六年，势力稳固，朝廷上下都是自己人，曹氏宗族先受曹丕、曹叡的压迫，后受司马家的打击，早已零落没有势力，在这种情况下，隐忍等待时机是最佳选择。

曹髦文武双全，钟会称赞他："才同曹植，武比曹操。"

他试图做些舆论上的准备，他在太极东堂和儒生们讨论，少康和汉高祖的优劣，以少康为优。少康的伯祖太康失去政权，少康积蓄力量，杀死叛臣，得以复国。莅临太学，问："武王、周公为什么要任用管叔、蔡叔？"管叔、蔡叔怀疑周公要篡夺成王的政权，起兵反抗。

这两个问题，显然都直指当时的政治现实。书上没有记载儒生们的回答，在太学，博士庾峻不敢回答："这不是我浅薄的见解可以知道的。"

然而，曹髦是个急性子，他常常和司马望、裴秀、钟会等人聚会，讨论学术。一旦派人去请，巴不得你立刻就到。司马望不在宫内任职，就特地赐给他追锋车、皇帝亲卫五人，每当集会，奔驰而至。

他太急、太冲动，他不知道收敛锋芒，韬光养晦，他等不及机会的降临，在没有任何实际准备，也不清楚谁站在自己这一边的情况下，打算亲临殿前，召集百官，放黜司马昭，那年曹髦二十岁。

他命李昭在陵云台发兵，召集王沈、王经、王业等人，对他们说："司马昭之心，路人皆知。我不能坐以待毙，今天我要讨伐他。"王经劝他忍耐，曹髦从怀中取出诏书，扔在地上，"是可忍也，孰不可忍也！我决定了。死又何惧？何况还不一定死呢！"

王沈、王业立即报告司马昭，司马昭命令贾充备战。曹髦看到事情泄露，亲自率左右几百人，驱车前去攻打司马昭的府邸，宣称讨伐叛逆，违抗者灭族。司马昭府里的士兵不敢交战，贾充呵斥："司马公平日供养你们，正是为了今天啊！"又说，"司马公失败，你们还能活着吗？"于是趁机挥戈刺死曹髦。

傀儡皇帝未必不能胜，但黄色和蓝色胜率明显高于红色，蓝色的汉和帝十四岁平窦氏，先要几个体己的贴心人，宦官有郑众，哥哥有刘庆，暗中谋划，借一本《外戚传》，甚至不敢用左右随从，让刘庆去借；黄色的康熙十六岁智擒鳌拜，也是先行挑选亲贵子弟练习摔跤，然后才发动；而红色的九岁汉质帝一句"跋扈将军"，被梁冀生生毒死。

那是因为红色往往没有调研，没有准备，没有计划，不懂忍耐，不知时机，一张嘴就说话，一拍脑袋就做决定，立刻付诸行动。

曹髦一没选对人，召集三个人商量，王沈、王业两个人都向着司马昭；二没选对地方，对傀儡皇帝而言，宫内最容易形成局部优势，成功率更高，东吴景帝孙休杀孙綝、北魏孝庄帝杀尔朱荣、北周武帝杀宇文护、康熙智擒鳌拜，都发生在宫中；三没选对时机，汉和帝要等到窦宪回京，才行下手。

这样看来，曹髦完全没跟人商量，没有任何计划性，就在大庭广众之下宣布，这怎么可能成功？汉桓帝要杀梁冀，担心泄密，是在厕所里商量。

红色的拍脑袋决策，有两种主要的原因：

其一，与蓝色强烈的悲观主义倾向相反，红色有非常强烈的乐观主义倾向。红色一拍脑袋，做出决定，就好像自己是上天的宠儿，什么事都会顺风顺水，其实呢，往往事与愿违。

其二，红色具有冒险主义精神。对红色而言，未知才有吸引力，一件事安排得妥妥当当，好无聊啊。

红色的这种行为，就等于把自己的将来，交到上天的手里，幸运，就成功，不幸，就失败，可你不是上天，你没法保证每次骰子掷出来你都是豹子啊。

◎为什么刘禅没做抵抗就投降了？

诸葛亮在世的时候，刘禅把一切政务托付给诸葛亮，他说："政事由诸葛亮决定，祭祀由我负责。"诸葛亮死后，废除丞相，按照诸葛亮的既定人选，先后任用蒋琬、费祎。

邓艾打过来，刘禅就投降。诸葛亮的儿子和孙子、赵云的儿子、张飞的孙子陆续殉国，刘禅的儿子刘谌于先帝庙悲愤自杀，妃子李昭仪不堪受辱自杀，他都无动于衷。东迁洛阳，他被任命为安乐县公。

凄凉蜀故妓，来舞魏宫前。宴会上表演蜀地的歌舞，蜀汉官员想起亡国之痛，人人凄凉感慨，悲怆落泪，只有刘禅嬉笑自若。司马昭对贾充说："刘禅没有心肝，到了这个地步。纵使诸葛亮还活着，也没法辅佐下去，何况姜维呢？"

过了几天，司马昭问刘禅："思念蜀地吗？"刘禅说："这儿挺快乐，不思念蜀地。"这就是成语"乐不思蜀"的来源。蜀国旧臣郤正听见，偷偷告诉刘禅："晋王要是再问，你应该哭着回答：'先人坟墓，远在蜀地，我心里悲伤，没有一天不想念的。'然后闭上眼睛。"

后来，司马昭又问，刘禅就照着郤正的话做，司马昭说："这话怎么像是郤正说的？"刘禅睁开眼睛，说："是啊，你说得对，这就是郤正教我的。"左右都笑了。

陈寿评论说，后主任用贤相，就是遵循事理的明君；被宦官所迷惑，就成了愚昧无能的昏君。白色的丝绸没有固定的颜色，只看用什么东西来染色。确实如此啊！

红色和绿色易受人影响，而红+绿的刘禅是最易受人影响，听人摆布，任你搓圆捏扁的。

据说红+绿是通常意义上最佳的伴侣人选，既有红色的情趣，又有绿色阻绝大多数的冲突，其实红+绿也是很好的下属人选，有些小动力，可以激励，容易满足，随遇而安，不会动不动就跟你吵架闹离职。

然而，红+绿成为主管经理以至总经理之路是非常坎坷的。

比起红色老板左一个主意右一个想法，蓝色老板事必躬亲，黄色人生不息奋斗不止，红+绿的老板最适合垂拱而治，"治大国，若烹小鲜"。他们愿意授权，似乎授权之后就跟自己再没有关系，没有跟进、没有检查，如果发现事情黄了，那就黄了呗。

刘禅没有什么理想，从没想过要反攻中原，打回洛阳，只想过自己的小日子，做无愁天子，坐吃等死，等到无可奈何的时候，放弃抵抗，顺理成章地选择投降也不错。作为一个君主，他没治理好国家，导致国破家亡，不过作为一个"富二代"，他浑浑噩噩、快快乐乐地也过完了这辈子。

红+绿没什么坏心眼儿，却有点懦弱，拿捏不住刺儿头。

> 红色以及红+黄情绪化，会发脾气，蓝色注重规则念念叨叨，黄色更是严厉凶狠，唯有红+绿和绿色，不能给人以压力，也不能在气势上压倒别人。所以红+绿的老板跟员工很亲切，公司很有人情味，但同样也导致员工不听指挥，各行其是。

◎孙皓是怎么把吴国折腾没的？

东吴末帝孙皓，粗暴骄横，经常因忌讳而杀人，贪恋酒色。

他每次大宴群臣，终日欢饮，没有一次不让大家喝到大醉的，无论能不能喝，都以两斤为底线，喝不下，也要强灌。怀疑王蕃假醉，直接在殿下斩杀。设立黄门郎十人为纠弹官，不喝酒，整日侍立，宴会结束，各自报告群臣的过失，诸如目光不恭顺、口出妄言之类，无不举报，重的当即施刑，小的也加以处罚。

后宫佳丽数千，依然不停地从民间采择。引水入宫，若宫女不合心意，立刻杀死顺水漂走。剥面、凿眼、锯头、焚尸，不一而足。

他的嫉妒心很重，张尚知识丰富，言谈议论往往比孙皓高明，孙皓不喜欢他。有次喝酒,孙皓说:"我饮酒可以和谁相提并论?"张尚说"陛下有孔子百觚之量",这本是恭维和奉承,可到了孙皓的耳朵里就变成"张尚知道孔子没有称王,所以拿我跟他比"。收捕入狱,后来索性把他杀了。

孙皓即位后追谥父亲孙和为文帝,还想在史书中为父亲作《本纪》,就像是曾经在位的皇帝一样,韦昭不同意,后来因为各种旧嫌新愤,收捕入狱,终被处死,全家发配零陵。

他还多次对晋用兵,穷兵黩武,空耗人力、物力。

等到金陵王气黯然收,孙皓降晋,晋武帝赐坐,说:"我设了这个座位等你很久了。"孙皓应声道:"臣在南方时,也设这样的位置等待陛下。"贾充问:"听说你在南方,凿人的眼睛,剥人的脸皮,这是哪种刑罚?"孙皓说:"为人臣而杀君,以及邪恶不忠的,就出这一种刑罚。"贾充曾经指使成济公然刺杀曹魏皇帝曹髦,惭愧得不说话,孙皓毫无愧色。

晋武帝问孙皓:"听说南方人喜欢作《尔汝歌》,你会吗?"孙皓正饮酒,举杯向武帝劝酒:"昔与汝为邻,今与汝为臣。上汝一杯酒。令汝寿万春!"尔、汝,相当于"你",朝堂之上,让降臣用这种侮辱性的称呼,自取其辱,所以武帝很后悔。

创业难,守业更难。开国皇帝黄色居多,末代皇帝则红色居多。蓝色能把国家治理得井井有条,虽然容易像诸葛亮一样留有后遗症,但不太可能速崩。绿色往往萧规曹随,休养生息,也不容易立刻葬送江山。黄色容易崩溃在高速的发展和扩张之中。红色最有可能葬送江山。导致曹魏大权旁落,最终灭亡的曹爽、曹髦都是红色,蜀汉、东吴两位末代皇帝刘禅和孙皓都以红色为主色。

性格色彩品三国

相对于红色或者红+绿，红+黄的破坏性更高，被称为"明朝的灭亡，实际亡于神宗之手"的万历，以及最后葬送江山的崇祯，都是红+黄。谢文昕（木风）是这样说的：

"崇祯虽怜悯百姓，却干拆屋补墙的事情，增加赋税镇压起义，只见东边起义刚下去，西边起义又起来。他不明白一个道理，百姓起义是因为日子过不下去，如果没在根本上解决这个问题，四川的民变镇压下去，湖南又会民变，而兵饷越来越吃紧，最后被拖垮的是他自己。这也是一些红色的过当，看问题只看到表面，就急着去修补，舍本逐末，岂能在根本上解决问题。"

> 职场上红+黄最严重的还是情绪化，红色容易情绪化，而黄色加剧其情绪波动，增强其破坏力，做事容易做到天怒人怨，做人做到分崩离析，做事出现错误就情绪化发作，拿人做法，员工心不在焉又造成局势进一步恶化，加速进入死亡陷阱。

春风得意马蹄疾
——择主篇

性格色彩品三国

面试当中,红色乐于随机应变,所以他们不愿意做准备,往往容易错失机会;而蓝色则会准备好一切问题只等发问;黄色呢,得看职位重要不重要。

跳槽的故事随时随地都在发生。红色的吕布多次跳槽,被一句"三姓家奴"定了性,终于惨死白门楼。黄色的贾诩,同样多次跳槽,却得到曹操的重用。这是为什么呢?

◎为什么庞统两次面试都不成功?

庞统号称"凤雏",名闻天下。周瑜死后,鲁肃向孙权推荐庞统继任。孙权问:"你擅长什么啊?"庞统说:"不必拘泥,随机应变。"又问:"你的才能,跟周瑜比咋样?""我学的和他大不相同。"孙权很不高兴,说:"等到有用到先生的时候,就来相请。"面试失败。*

庞统又来见刘备,第二次面试。他自恃有"凤雏"之名,不肯拿出诸葛亮、鲁肃的推荐信,结果被打发去耒阳做县令。*

职场处处可以运用性格,而面试尤其重要。工作中可以路遥知马力,日久见人心,但面试却只有短短几十分钟,面试官要把握面试者的情况,而面试者要获取面试官的好感。诸葛亮的"知人七法",至少有两条都是直指性格:第二条,辩论中把他逼到理屈词穷看他怎么应变;第五条,把他灌醉看他的性情如何。

红色面试者觉得自己可以随机应变,不需要准备,往往错失机会。

面试的第一任务是要打动面试官。所以范雎见秦昭王,先要勾起秦王的兴趣:"秦国哪里有王?秦国只有太后和穰侯罢了。"

孙权问庞统:"你擅长什么啊?"不就是孟子见梁惠王,梁惠王开口那一句:"你不远千里而来,有什么可以帮到我的国家的吗?"就算你真的是天文地理无所不通、诗词歌赋十八般武艺样样精通,你也得告诉人家啊。庞统的回答,先一句我啥都能做,后一句周瑜的本事不够看,也许庞统不屑于调查,但你来面试干吗?就算你真的怀才不遇,也很难让人相信啊。

红色的准备真的很难让人满意,孙策邀请《左传》专家高岱见面,有人跑去跟高岱说:"孙将军讨厌比自己强的人,他问问题,装作不懂比较好。跟他争辩,就危险了。"高岱听风就是雨,上了当,孙策觉得他看不起自己,一怒之下,把他杀了。

蓝色的准备非常充分,公司背景、职位需求、各种面试问答,通通都有备案。

那一篇"隆中对",万事俱备,各种造势、各种试探、各种准备,你真以为诸葛亮说天下大势,是出口成章吗?当然不会,早已是腹稿多遍了,顺手还能抽出一张西川地图*。

性格色彩品三国

黄色呢，得看职位重要不重要。

司马师要见钟会，钟会先问虞松："司马师的学问如何？""博学明理，无所不通。"然后钟会谢绝宾客，闭门准备十天，才去见司马师，清晨进去，二更天才出来。钟会出来后，司马师拍手感叹："辅佐帝王的人才啊。"

面试中常常也会碰到问题，如果你和面试官的意见不一致，红色和蓝色都有可能坚持自己的主张，部分红色更容易在压力下妥协，但黄色通常会根据目标而行动，我说什么不重要，重要的是能够通过。

红色的孔子周游列国，不合适就拉倒，但绝不放弃自己的主张，而黄色的商鞅四见秦孝公，第一次大谈上古五帝的帝道；第二次大谈禹、汤、周文的王道，对牛弹琴，听得孝公瞌睡连连；第三次卫鞅改变策略，大谈富国强兵的霸道，孝公非常高兴；第四次不知不觉促膝而谈，连谈几天不知疲倦。对黄色来说，什么帝道、王道、霸道，我根本不关心，能抓住孝公的心，就是好道。

堂堂凤雏，被打发到偏远小县，庞统心情不好，终日饮酒为乐，不理政务。等到张飞跑来问罪，又把百日积案，一日尽断。*

鲁肃写信给刘备："庞统不是百里之才，让他担任州里的政务司、总务司，才能施展开才能。"诸葛亮也向刘备推荐，于是得到刘备的重用，和诸葛亮一起担任军师，并随刘备一起入川。可是还没到成都，庞统就死于落凤坡*乱箭之下。

庞统觉得自己是安邦定国之才，不屑于做这些小事，确实抓住了庞统的心理，你张飞来了，觉得我治理不好，我就治理给你看，与其说是治理，还不如说是表演。

可初入职场，不把老板交代的工作做好，谁会给你晋升的机会呢？庞统向来看不起鸡毛蒜皮的燕雀小事，司马徽采桑叶，庞统说："我听说大丈夫处世，应当做大官，怎么能委屈自己做蚕妇的事？"司马徽说："你姑且下车。你只知道走小路快，不担忧迷失道路。"

按照彼得原理，在等级制度中，做好一级升一级，总会被擢升到不能胜任的职位上。能做好销售的，不一定能做好销售经理，其实，也有人能做销售经理但未必是最佳销售。东汉末年，大家也不注重基层经验，我们讲过荀爽更夸张，从开始做官到升任正国级，只用了九十五天。其实，荀彧、诸葛亮、庞统等都没有基层经验，蓝色的荀彧、诸葛亮证明了这条路可行，而红色的庞统、孔融则证明了这条路的风险，赵括纸上谈兵，坑死赵国四十万士兵。

红色总不明白一屋不扫，何以扫天下的道理。红色总觉得没遇上伯乐，千里马怎么能用来拉车呢？

陈蕃志不愿意打扫一间屋子，空有鸿鹄大志，可等他做了大官，历史也给了他清扫天下的机会，结果如何呢？事情泄露，自己只好以七十岁高龄，率领下属、学生八十多人，拔刀冲入承明门，被捕遇害。壮志可嘉，勇气可嘉，可没有实际的经验，终究还是要归于失败。

蓝色会说，不积跬步，无以至千里，不积小流，无以成江海。鲁智深初到大相国寺，就要做职事僧，黄色如何回答？"假如你管了一年菜园，好，便升你做个塔头，又管了一年，好，升你做个浴主，又一年，好，才做监寺。"

性格色彩品三国

> 通过政绩发现人才，决定升迁是失败概率相对最小的一种做法，也适用于更广泛的人群，也更容易为大众所接受。与其好高骛远，不如脚踏实地。

◎为什么吕布多次跳槽成了"三姓家奴"？

吕布的一生，就是背叛的一生。

吕布勇猛威武，并州刺史丁原任命他为秘书长，对他非常信任、亲近、厚待。当时的风气，刺史、太守和下属之间，有事实上的君臣关系，《三国演义》里说是义父子关系，相去不远。可他却见利忘义，受不了诱惑，提着丁原的头去见董卓。

董卓居然也毫不起疑，宠信异常，立誓结为父子，还让他率领亲兵侍卫。然而吕布和董卓的侍婢私通，害怕事情暴露，心里不安。后来吕布到王允府上，说起差点被董卓所杀。王允正在密谋诛杀董卓，劝说吕布做内应。吕布说："奈何是父子之情。"王允说："将军自姓吕，太师自姓董。掷戟之时，哪来父子之情？"

于是，两人合谋，当董卓来到宫门，李肃刺杀董卓，董卓受伤，大呼："吕布何在？"吕布回答说："有诏讨贼！"刺中董卓。

吕布反复无常，事丁原则杀丁原，事董卓则杀董卓，连杀两任老板，何况董卓、丁原，没有做什么对不起他的事，丁原重用他，董卓还认他做了干儿子，这名声没法好——张飞骂他"三姓家奴"。*

而吕布杀死董卓,威震天下,但当他受李傕、郭汜攻击,如丧家之犬般逃出长安后,各地诸侯不能真心接纳他。

他居然是带着董卓的人头跑路的,难道你怕大家不认你的功劳吗?是见面礼呢,还是提醒大家你把义父给杀了?

吕布觉得自己为袁家报了仇,有恩于袁家,于是先投袁术,再投袁绍,两人待他都还不错,但每次他都骄纵起来,放纵部下横行不法、四下抢劫,天大的恩情也挡不住这样折腾啊,结果哪里都待不下去,只好投奔张杨。

后来又投奔刘备。两人初见,吕布还算尊敬刘备,说:"我们都是边地人。吕布我诛杀董卓,来到关东,诸位将领没有一个人肯接纳我,都想杀我。"可一喝了酒,就开始管刘备叫弟弟,刘备觉得他语无伦次,内心很不高兴。

乘刘备攻打袁术,偷袭下邳。和袁术闹翻,把刘备招来安置,又和袁术联合,占了刘备的小沛。本来与袁术结盟,结为亲家,又反悔把已经在路上的女儿接了回去,还把迎亲的使者韩胤送给曹操,枭首许昌。和袁术闹翻,又和袁术联合。

终于兵败,吕布被擒白门楼。吕布说:"绑得太紧,松点。"曹操说:"绑老虎,不能不紧。"吕布说:"曹公你所担忧的,不过是我吕布。我已经归顺,天下无忧。你带步兵,我带骑兵,天下可定。"曹操虽然知道吕布狼子野心,但毕竟是第一勇将,"人中吕布,马中赤兔"嘛,还是有点心动。

吕布又对刘备说:"你是座上客,我是阶下囚,不能帮我说句话吗?"红

性格色彩品三国

色绝对没有想到,刘备不开口也就算了,一开口居然是落井下石神补刀:"曹公,你忘了丁原和董卓的事了吗?"

猜度刘备的想法:一是报复,报复他收留吕布却被吕布夺去徐州;二是利益,曹操、吕布联手,天下可定,要我刘备干吗?

曹操点头。吕布瞪着刘备,说:"大耳贼,最不可信!"

于是曹操绞死吕布。

今日里推杯换盏,明日刀兵相见,翻云覆雨、变幻莫测,在三国里是家常便饭,刘备、孙权都是个中高手,每次出手总要拿点什么回来,而吕布的反复无常,要说,也只是贪小便宜而已。所以高顺常常劝他:"将军行动,不肯多考虑,事后总说犯错误,怎么能一直犯错误呢?"

跳槽本身没有对错,**绿色希望稳定不变化,跳槽比例最低,而红色追求人生的体验,跳槽频率最高,他们觉得只待在一个公司、只做一件工作好无聊**。甘宁投奔刘表、黄祖,都不得重用,后来他投奔孙权,也参与进攻黄祖的战役,但大家只赞他有眼光,找到好老板。魏征从元宝藏、李密、窦建德、李建成直至唐太宗,每次都是旧主失败或者投降,然后才跟着新君办事,每次都得到重用,每次都尽心竭力,所以史上也只说他忠谏的一面。

当然,跳槽频率高,在某种意义上对职场的发展不利,如果你一年一跳,那面试官是不是有理由怀疑你在新公司也待不了一年?

更重要的是,你有没有损害老东家的利益。魏延两度要投靠刘备,还被诸葛亮说有反骨*，为啥？不就是因为他背叛老东家刘琮、韩玄。而蓝色的徐晃直接拒绝刺杀旧主的要求："我绝对不会做的。"*

吕布没脑子就罢了，可他每一次跳槽，都是只为自己的利益着想，把老东家的利益搁在脑后，甚至敢把老东家作为投名状，献给新东家，唯利是图，背义忘恩，大家都不是傻子，这样的人，终究是个定时炸弹，没人敢用。

所以，刘备一语，打动曹操。武功举世无双，终究没脑子，成不了大事。

吕布的一生中，董卓劝他杀丁原，他就杀了；王允策反他杀董卓，他又杀了；袁术答应给他粮草，让他袭击下邳，他袭了；袁术让他把女儿送来成亲，他送了；陈珪劝他和袁术绝交，他又把女儿追了回去；曹操不赏他赏陈珪、陈登父子，他又信了陈登的话；等到曹操兵临城下，曹操写信来劝降，吕布打算答应，陈宫说坚持一下，曹操兵粮不多了，他又信了；陈宫建议吕布出城作战，自己守城，相互呼应，他信了；妻子说，那陈宫投降怎么办？他又信了，不肯出城，宁愿死守。

红色是最容易相信别人的，也包括轻信谗言。不管谁说的话、不管说的什么话，他都听得进去，不经脑子，轻易下决定，可过会儿听了另外一人说了相反的主张，又开始后悔之前的决定，于是再下一个完全相反的决定。

而三人成虎、众口铄金、积毁销骨，都是典型描述红色的成语。红色交了男朋友，闺密A说太难看、闺密B说太花心、闺密C说没情趣，红色很有可能就真要分手。

在四种性格当中，红色的受骗概率也是最高的，绿色因为顾及情面，不愿拒绝也比较容易受骗，黄色因为理性，不容易受骗，但也有可能上大当，而蓝

性格色彩品三国

色因为对一切抱持怀疑态度，最不容易受骗。

项羽中了离间计，解除范增的兵权；袁绍听信谗言，解除沮授的兵权，处死田丰；等等，本质上都是一样。

刘璋继承父亲刘焉的基业，占有益州。张鲁骄纵不服管束，刘璋杀死张鲁的母亲和弟弟，两人反目成仇。庞羲负责抵御张鲁，渐渐独揽大权，有人进谗言说庞羲想叛变，两人生出裂痕，庞羲害怕，险些真的打算叛乱自保。东州兵横行霸道，欺凌百姓，刘璋不能制止，赵韪联合州中大族，发动内乱，各郡纷纷响应，刘璋借东州人的力量，杀死赵韪。

这几个人都是刘焉留下的人才，一一和刘璋分道扬镳，《三国志》里说，这些都是因为刘璋缺乏判断力、轻信人言的缘故。最后，他也在张松的劝说下，刘璋与曹操断绝关系，开门揖盗，引刘备入蜀，终于失败。

刘禅按照诸葛亮的既定人选，任用蒋琬、费祎，却信任宦官，蒋琬、费祎这些人生怕中了谣言躺枪，都不敢在成都长住。

◎为什么贾诩多次跳槽位至三公？

贾诩，跟过董卓、跟过李傕、跟过献帝、跟过段煨、跟过张绣，最后跟曹操。

董卓、牛辅死后，李傕、郭汜、张济都很慌乱，打算解散军队，各自逃亡。贾诩说：

"听说长安城里议论,要杀尽凉州人,各位如果丢下部下各自回家,一个小小的亭长就能把你们抓起来。不如打着为董公复仇的旗号,集合向西,沿途招兵买马,攻打长安。如果成功,可以尊奉朝廷征讨天下,不成功,再跑路也不迟。"

几个人一想,也对,只好硬着头皮,杀向长安,竟然,摧枯拉朽一般,王允死,吕布走,李傕、郭汜挟持天子。

贾诩维护汉室朝廷的尊严,多次调解了李、郭纷争,有时候还批评他俩,又解决了羌、胡兵,多次护卫天子,还任用了很多知名人士。

情形越来越乱,张绣劝他:"这里不可久留,为什么不离开?"贾诩说:"我蒙受国恩,不可背弃。你自己走,我不能走。"

直到献帝离开李、郭的势力范围,贾诩这才辞去职务,依托段煨。他在凉州军的名气很大,段煨表面上礼数周到,心里却生怕他抢自己的军权,贾诩打算去投奔张绣。有人问其原因,贾诩说:

"段煨生性多疑,这样的情况持续下去,必定会有杀身之祸。我离开,他一定感到高兴,也希望我结交一些朋友,可以帮助他,所以一定会厚待我的妻子和儿女。张绣缺乏谋士,希望我去帮他,这样我的家人和我自己都能保全。"

果然,张绣待他如长辈,段煨也十分照顾他的家人。张绣的叔伯张济死在刘表手里,贾诩依然劝说张绣联合刘表。为什么呢?如果不能联合刘表,张绣驻扎南阳,北有曹操而南有刘表,南北受敌,只怕不是被曹操,就是被刘表消灭了呢。刘表呢,也需要一个人帮他守卫荆州北大门,双方

性格色彩品三国

一拍即合。

官渡之战前,袁绍派人来联合张绣,张绣想要答应。贾诩在旁,对使者说:"回去告诉袁绍,他自家兄弟之间尚且不能相容,怎么能容得下我们?"张绣大惊:"怎么这样说话!"私下询问贾诩:"怎么办?"贾诩说:"不如归附曹操。"张绣说:"袁强曹弱,再说我杀了曹操的儿子、侄儿,结下血海深仇,怎么能去跟他?"

贾诩说:"这正是应该归附他的原因啊。第一,曹操奉天子以令天下,师出有名;第二,锦上添花,不如雪中送炭,曹操一定会高兴;第三,曹操有霸王之志,正好向天下人展现自己不计个人恩怨的高尚品德。将军不要迟疑。"

第三点最紧要,注意,贾诩说的,不是曹操会不会计较杀子之仇,而是曹操需要向天下人展示自己不计个人恩怨的高尚品德,这才是曹操的大利,才是黄色的需要。

于是张绣归曹。曹操大喜,握着贾诩的手说:"使我得到天下的信任和敬重的人,是你啊。"官授正部,爵封亭侯。

如果说,吕布是跳槽人生的反面典型,那贾诩就是正面典型。吕布不惜损害原公司的利益,终究会在职场上丢失自己的名声,贾诩好聚好散,照顾原公司的感受,也考虑新公司的利益,才能三赢。

贾诩多次跳槽,不仅考虑到自己的发展,避害趋利,也总是能很好地洞察别人的性格,照顾到老东家、新老板的利益,终于修成正果,最后官拜太尉,正常情况下文官能达到的最高官位。

春风得意马蹄疾——择主篇

面试中常见的问题就包括你为啥想要离职啊,经常有人抱怨第一家公司怎么怎么小气不给发奖金,第二家公司怎么怎么吝啬不给升职空间,第三家公司待遇不错,可上司怎么怎么凶残霸道……这也许部分解释了你为什么跳槽,但留给面试官的印象是你自己不能抵抗压力,没有良好的沟通,抱怨太多人际关系不和谐,这些公司不会因此而受到什么损失,损失的是你自己啊。

诸葛大名垂宇宙
——诸葛篇

作为蓝色,诸葛亮不愿意毛遂自荐,而等着别人推荐,等着主公上门,刘备也三顾茅庐,展现诚意,终于说动蓝色出山。

蓝色的诸葛亮感激刘备的诚意,鞠躬尽瘁、死而后已,成为中国宰相的典范之一。然而,他不知变通,错失良机,导致六出祁山,无功而返,过度讲究公平公正,有罪必罚,导致人才荒废,蜀国后继无人,他事必躬亲,累垮了自己,也剥夺了他人的成长机会。

◎ 为什么诸葛亮不肯毛遂自荐而等人上门?

诸葛亮跟随叔叔诸葛玄避难来到荆州,躬耕于南阳,和几个好友谈谈天、吹吹牛,清晨、夜晚喜欢长啸飙海豚音,自比辅佐齐桓公的管仲、辅佐燕昭王的乐毅。和石韬、孟建、崔州平几个人一起聊天,诸葛亮说:"你们几个人可以做刺史、太守。"后来石韬做到太守,孟建做到刺史。三人问:"你自己呢?"他笑而不言。

最终,诸葛亮辅佐刘备、刘禅,割据一地,和管仲、乐毅,正在伯仲之间。管仲、乐毅,是诸葛亮的志向,符合他的自我能力认知,也离不开对天下大势的清晰认识。

诸葛大名垂宇宙——诸葛篇

他生不逢时,关东军阀借着起兵反董,割据一方的时候,他才十岁,没赶上趟,等他二十岁的时候,官渡之战已经结束,留给他的选项不多。

诸葛亮的第一选择可以是刘表。他的岳母、刘表的妻子蔡氏、蔡瑁三人是亲姐弟,也就是说,刘表是他内姨父、蔡瑁是他妻舅,这么近的关系,但刘表没有远大抱负,而且有点软弱,没法在乱世立足,他看不上。

曹操大势已成,谋士如云,多一个诸葛不多,少一个孔明不少,张良的位置已经被比他大十八岁的荀彧占了。孙权的张昭—周瑜体系也已经成形,针插不进,水泼不进,他更看不上刘璋。

在这种情况下,诸葛亮的选择是等待,待价而沽。当代人讲究成名要趁早,古人能等,三十老明经,五十少进士,可大家还是愿意考进士,姜尚七八十岁才遇上周文王,诸葛亮才二十八岁,不怕,有的是时间。

而更重要的是,蓝色愿意等,为了实现他平天下的政治理想,为了实现管仲、乐毅的政治抱负,为寻求一个理想一致、性情相投、有前途、有空位的主人而等待,即使等不到,即使在等待中度过一世。

就像谈恋爱,红色更愿意在不断的体验中去寻求真爱,蓝色也会为了理想爱情而在漫长的观察和筛选旅程中等待,等待Mr. Right,他苟全性命于乱世,等待时机,以求闻达于诸侯。

刘备来到荆州,对诸葛亮来说是一个机会。刘备高举"得人心者得天下"的大旗,和诸葛亮的志向符合。刘备早早就拥有关羽、张飞两名虎将,后来又加上浑身是胆的赵云,可是从来都缺一流的谋士,孙乾、糜竺、简雍,都是二流人才,所以刘备战无不败,成日里颠沛流离,根据地有了又丢,丢了再有,

性格色彩品三国

屡战屡败,屡败屡战,坚韧不屈,有前途,而且有诸葛亮的用武之地。

刘备来到荆州,驻扎新野,诸葛亮的长辈司马徽、好友徐庶分别向刘备推荐诸葛亮,司马徽说:"此地有卧龙、凤雏。"徐庶说:"诸葛亮是卧龙,将军愿意见他吗?"

虽然看上了刘备,但蓝色并不主动。

蓝色乐于隐居不出等待伯乐,而红色更乐于毛遂自荐主动出山。徐庶(红色)出场*,狂歌于市,吸引注意力,长铗归来兮,是典型的红色做派——这也就是为啥演员海招很难找到蓝色,因为蓝色根本不会来嘛。

红色也更乐于相互推荐,乐于给别人取绰号,乐于给人编顺口溜,桥玄称赞曹操:"能够安定天下的,难道不是你吗?"许邵称赞曹操"治世之能臣,乱世之奸雄",而诸葛亮号卧龙,庞统号凤雏,司马徽号水镜,都是庞德公取的外号,司马徽称赞庞统是南阳首屈一指的人才,至于《三国演义》里司马徽说:"可比兴周八百年之姜子牙、旺汉四百年之张子房也。"则是红色罗贯中借红色司马徽之口的夸张了。

职场中,蓝色容易因为思考过度而丧失机会,也可能由于守株待兔而错失良机,他们会觉得,别人该主动的,找上门来,不主动的,则意味着还不够重视自己。其实,待价而沽不意味着守株待兔,不主动并不意味着不行动。司马徽、徐庶的推荐后面,难道真没有诸葛亮的影子吗?

> 现代社会,竞争激烈,人才遍地走,猎头满城找。是人才的,未必找得到合适的位置;是猎头的,未必找得到合适的人才。这时候,自我宣传和朋友推荐,就变得很重要。职场新人主要依靠上招聘网站

> 投简历,而资深人士更依赖于猎头,而猎头不可能对业内每个可能人选都了如指掌,要么上领英去发掘,要么找相关人士推荐。这两条,都是红色的长处,无须修炼。对于蓝色,就该努力加强,否则,别人看不见你、不知道你的存在,又哪来伯乐呢?

◎刘备如何说服诸葛亮出山?

刘备对徐庶说:"你跟他一起来吧。"徐庶说:"这个人只能去见他,不能召唤他前来,将军你应当屈尊去拜访他。"

对刘备而言,一个一流的谋士实在是太重要了。所以,黄色的刘备,以当时天下英雄的人望,正部级的职位,四十八岁的年纪,不惜放下架子,三次亲自拜访,求见这个二十八岁、未出茅庐,只在地方上有些小名声的诸葛亮。

一顾没见着,卧龙岗上遇见崔州平,打击一番:"将军想使孔明斡旋天地,补缀乾坤,只怕不容易,徒费心力。"二顾好不容易找到人,却是弟弟诸葛均,声称哥哥:"或驾小舟游于江湖之中,或访僧道于山岭之上,或寻朋友于村落之间,或乐琴棋于洞府之内。往来莫测,不知去所。"*

刘备挑选良辰吉日,斋戒三天,熏沐更衣,然后三顾。人倒是在,可惜高眠未起,刘备不敢惊动,立了一个时辰,孔明才醒,醒来又自吟诗,等到童子通报,还不肯见,先要入内更衣,总算落座,又要几番推托,才说:"愿闻将军之志。"*

生命不息,考察不止。要刘备三顾、要刘备立等他睡觉、听他吟诗、等他

性格色彩品三国

更衣，都是蓝色的考试，考自己在刘备心目中的身价，考刘备是不是真的求贤若渴。李贽不懂蓝色心理，说"孔明装腔，玄德作势"，尖刻过了头，看见表象而不见本质。不如易中天说得恰当：

"因为小说中的诸葛亮也好，戏剧中的崔莺莺也好，都是心气很高的人，绝不肯随便以身相许，他一定要考验对方，一定要摆足了架子，吊足了对方的胃口，确确实实证明对方是诚心诚意，才肯答应。"

如果把红色的崔莺莺改成蓝色的杜十娘，那就完美了。

杜十娘明明有盛满珠宝玩器的百宝箱，却非要先让李甲筹措三百两赎身银子，眼见期限快满，无从着落，这才拿出一百五十两，让李甲另筹余数，赎身银满，又借姐妹名义，出二十两盘缠行资，始终不肯露出万贯家财。

问题是，杜十娘为什么要这样做？第一点是担心，怕李甲爱上她的钱，而不是她的人；第二点也是更重要的，杜十娘要考察、要试探、要衡量，李甲的爱是不是配得上自己，要看看李甲是不是肯为自己付出。

红色也会试探，比如《三国演义》里徐庶说的卢妨主，应该先送给仇人，等到的卢害死仇人再乘，说得刘备变了脸色，如同崔莺莺不过月下弹琴骂过张生一场，就自荐了枕席，相比蓝色的长时间、高密度考验，红色的试探只能算雕虫小技。

想说动蓝色跳槽不容易，最好先有蓝色信得过的人敲边鼓，然后也不能指望一次成功，蓝色可能心里接受，但还在纠结于跳槽的利弊，也会怀疑你的诚信。除给蓝色一点时间之外，再次甚至再三再四展现你的诚意很重要。

诸葛大名垂宇宙——诸葛篇

但是，一旦你能够通过种种考察，蓝色是会真心跟你一辈子，钟子期一死，伯牙就断了弦毁了琴，为啥？世上再无知音。后来，诸葛亮在传扬千古的《出师表》里面自己说：

"先帝（刘备）不顾虑我出身卑微、见识短浅，自己屈尊，三顾茅庐，向我征询天下大事，我因此感动奋发，于是答应先帝，为他尽力奔走效劳。"

赤壁之战后，刘备入蜀，带的是庞统，取汉中，庞统已死，带的是法正，伐吴，法正也死了，但刘备还是没带上诸葛亮。这段时间，诸葛亮的主要工作是提供士兵和粮草，有人因此认为诸葛亮不重要，或者不受刘备重视，这不对，后勤可是西汉第一功臣萧何的工作，直到永安托孤。

刘备临死之前，把诸葛亮从成都召到永安，对他说："你的才能十倍于曹丕，必定能够安邦定国，最终完成统一大业。如果刘禅可以辅佐，就辅佐他，如果他不成器，你可以取而代之。"刘备对次子刘永说："我死之后，你们要像对父亲一样侍奉丞相。"又下诏书给刘禅："对待丞相，要像对父亲一样侍奉他。"

果然，诸葛亮感激涕零、泪流满面，说："我哪敢不竭尽全力，忠诚坚贞，至死不悔。"

黄色的刘备可以说是性格高手，对于蓝色心理的把握非常到位，因为他的信任，因为他越是开诚布公，蓝色越是会从内心深处想要报答这份知遇之恩。因此，诸葛亮在《出师表》里自己说：

"先帝（刘备）知道我做事谨慎，所以临终将复兴大业托付于我。接受遗命以来，日夜忧叹，唯恐托付的事不见成效，以有损先帝知人之明。"

可以说是鞠躬尽瘁,死而后已,"衣带渐宽终不悔,为伊消得人憔悴。"

◎丢了荆州诸葛亮如何执行"隆中对"?

"隆中对"时,刘备问:"汉室衰败,奸臣窃国。我不顾自己的德行和能力,想要伸张大义于天下,可是智谋短浅,屡受挫折,到了今天这个地步。但我壮志未息,你认为我应该怎么去做?"诸葛亮的回答太长,粗略可以分四段:

"现在曹操已经拥有百万大军,挟天子而令诸侯,我们实在不是对手。孙权据有江东,已历三代,地势险要,人民依附,我们一时半会儿也打不过,但可以结为盟友。

"荆州是兵家必争之地,刘表无力守护,这大概是上天送给将军你的,将军可有打算?没打算,你来这里干吗?益州天府之国,高祖借此建立帝业。刘璋昏庸懦弱,张鲁割据在北,大家渴望明君——也就是将军你。

"将军你是皇室后裔,信义闻名于天下,招纳英雄,求贤若渴,如果能占有荆州、益州,交好氐、羌,安抚夷、越,对外与孙权结盟,对内修明政治。

"一旦天下形势发生变化,分荆、益两路,一路出宛城、洛阳,一路出秦川,讨伐曹操,然后可成大事。"

刘备说:"好!"

对吴策略上，关羽、刘备屡次启衅和孙权开战，但诸葛亮一贯坚定地坚持东和孙权的策略。

后来孙权称帝，请求西蜀、东吴二帝并尊，蜀国大臣都认为应该与之绝交，以显示自家的正统，只有诸葛亮坚决主张联盟："吴、蜀相争，魏贼得利，不是上策。当年文帝与匈奴和亲、先帝和东吴结盟，都是权宜变通的办法，为将来着想，不是匹夫生气绝交的做法。"

对魏策略上，即使荆州失陷，诸葛亮依然坚持原有策略，数度北伐，六出祁山，终究无功而返。

"隆中对"之所以成为"隆中对"，正是因为蓝色对大局有准确的把握、清晰的条理、明白的规划。说得明明白白、清清楚楚，占有荆、益，三分天下，东和孙权，北拒曹操。

四段论。我们从结果来看，第一段，实现。第二段，先取荆州后取益州，实现。第三段，继续与孙权结盟，部分实现，交好氐、羌，在北伐中部分实现，安抚夷、越，七擒孟获，实现。只有关羽失守荆州，在意料之外，导致第四段无法实现。

第四段一开头说："一旦天下形势发生变化"，什么变化呢？大概就是曹操的死亡。曹操倒是死了，曹丕也死了，可问题是，"隆中对"计划的是荆州、益州两路北伐，可荆州早就丢了，只有西南一地，拿什么跟曹魏整个北方的兵力、粮草储备竞争呢？一路向北，如何能让魏国顾头不顾尾，应接不暇呢？

从这点上来说，六度北伐，两出祁山，从本质上来说是一个蓝色的战略错误。明明执行不下去的战略，还要执行，不知变通，不得不说，是蓝色的问题。问题是，为什么诸葛亮这样的战略家会犯这样低级的错误呢？

我想，原因可能有两条。第一条，我们已经讲过，蓝色为了报答刘备的知遇之恩，为了白帝城自己的承诺，他不惜自己肝脑涂地，也同样不惜耗尽蜀汉资源，不惜益州疲惫不堪，不惜百姓无法安居乐业，也要实行先军政治。

第二条，**红色觉得，计划没有变化快，而对蓝色而言，改变计划实在是太痛苦了**。机会出现的差错、孙吴背盟、夺取荆州，双线作战、让敌人首尾不顾的设想彻底落空，那该怎么办呢？改变计划？不，太痛苦了。

他勉为其难地把计划修正了一下，把荆、益二州，改成益、凉二州，然后他写下了《出师表》，决意北伐。

结果是，蜀汉灭亡之前，薛珝入蜀，回来报告说，当地百姓面有菜色，"菜色"是指用菜充饥而导致营养不良的脸色。而蜀汉投降时，竟以九十四万百姓，养着十万将士、四万官吏！虽然这里面有刘禅、姜维的问题，但究其根源，不得不归罪于诸葛亮的北伐策略。

出去旅游，红色是说走就走，跑到哪里算哪里，看到美丽的风景，不妨多停留，最后往往超时，想去的地方没去成；黄色直来直去，到点，拍照，走人，在地图上打钩，到此一游，注重数量而不重感受；蓝色呢，严格按照计划执行，精准无误，大家还在欣赏，蓝色心里已经在呐喊，再不走就完成不了计划了。

红色往往刚冒出想法没有计划就开始行动，他们喜欢计划外随时可以变化的新奇和不确定性，而蓝色恰恰相反，往往制订太详细的计划，他们喜欢计划中如程序般稳定执行的安全感。

诸葛大名垂宇宙——**诸葛篇**

> 蓝色认为，要么不做，要做就做到最好，这使得他们有可能总是在制订计划从不开始。蓝色也认为，做任何事情，首先得制订好计划，然后严格按照计划执行，然而，工作中，更没有百分之百完满的计划，总有意想不到的事情发生。计划太完善，可以按部就班，不容易发生差错，但不会变通，任何意外都会导致出现问题。

◎为什么诸葛亮不愿采用魏延的奇袭之计？

蓝色计划性的第二个问题，是宁求稳，不求变。

诸葛亮第一次北伐，魏延建议："听说夏侯楙是曹操的女婿，胆怯，没有谋略。不如让我带领精兵五千，带上口粮，直接从褒中出发，沿秦岭向东，出子午谷向北，不过十天，就可以抵达长安。夏侯楙听说我们杀来，一定会弃城而逃。附近的存粮，够我们吃的。等到魏国集结军队，还要二十多天，你从斜谷过来，这时候也已经到达了。这样，可以一举拿下咸阳以西。"

诸葛亮认为太危险，成功率不高，不如从平常的道路前进，稳稳当当取得陇右，有百分之百的把握，不会失败，所以不采用魏延的计谋。

其实这条奇计是有成功的可能性的。

从历史上来看，这是韩信"明修栈道，暗度陈仓"的翻版，韩信成功了。

从当时来看，刘备去世后，蜀国多年没有什么动作，所以魏国没有防备，突然听说诸葛亮出兵，朝廷、百姓都很恐惧，天水、南安、安定纷纷叛变响应

性格色彩品三国

诸葛亮，关中骚乱，朝臣束手无策，这大概是六次北伐中最好的一次机会。

从日后灭蜀之役来看，邓艾孤军从阴平道上行经无人之地七百多里，凿山开道，架设桥梁栈道。山高谷深，极为艰险，而粮食将尽，情况危急。邓艾用毡布把自己裹上，从山上滚下去。将士们攀着树木、顺着山崖，鱼贯前进。这支奇兵突入到内地的江油，守将投降，然后又直逼成都，刘禅投降，难保当时纨绔子弟夏侯楙不会这么笨。

依性格而言，红色愿意冒险而蓝色趋于保守，红色特别是红+黄，往往勇气可嘉，破釜沉舟、千里奔袭，却没估计到各种突发事件和不可控因素，而蓝色则生性谨慎，重视安全而容易贻误军机。魏延这种看似高收益却存在高风险的事，蓝色最讨厌了，难怪诸葛亮总不答应。红+黄的魏延认为诸葛亮太胆怯，常常感叹自己的才能不能完全发挥。蓝色的诸葛亮肯定也觉得魏延过于冒进，不堪重用。

就蓝色的优势讲，诸葛亮一直派兵驻守阴平小道，直到死后刘禅才撤去，邓艾奇袭暗度，看到空营，感叹不已：武侯若在，自己就挂了。*而红色的关羽一旦遇上吹捧，就撤走了荆州的大量守军，败走麦城。

两个红+黄，魏延和邓艾，愿意策划最险的方案，行经最险的地带，冒最大的风险，只为求得最险的成功；而蓝色谨慎，诸葛亮一生唯谨慎，讲究计划性，不打没把握的仗，不出险招，希望有十全必克之道，这也能说明，为什么诸葛亮是不可能摆什么空城计的，这只能是小说家的附会而已。

但是，诸葛亮却忘了《孙子兵法·始计篇》说："兵者，诡道也。"陈寿评价说诸葛亮治军优于奇谋，治国优于将略，不是没有一点道理。

诸葛大名垂宇宙——诸葛篇

当时形势，东汉十三州，魏九吴三而蜀一，魏国人口四百多万，四五倍于蜀，魏强而蜀弱，蜀国后劲不足，又是远道而来，利在急战、速战、出其不意，不出奇计，怎么可能成功？过于谨慎，打消耗战、打攻坚战，结果不言而喻。

后来，碰上了司马懿这个忍耐力超强的黄色，只一个字——拖，诸葛亮就拿他一点办法也没有。

就商战、职场而言，红色善进取而蓝色善守成，蓝色的公司十年用一个Logo而红色的公司一年换三个Slogan（口号）。红色的优势在于快速展开，根据形势随时变换，也可能因为一朝犯错而死无葬身之地，蓝色的优势在于步步为营，稳扎稳打，用不犯错来累积成果以取得胜利，却可能因过度谨慎而错失良机。

> 有些公司倡导激情，注重创新，善于把握市场机会；而另外一些公司倡导稳健，注重规则和程序，奉行稳中求胜，前者如《色眼识人》中提到的金蝶，后者比如用友。在传统行业中，蓝色的公司不容易出现大的变故，有机会变成百年老店，而在信息时代中，瞬息万变，对待新事物、新发展如果过于保守和审慎，错过机会就不会重来。

担任太空探索技术公司（SpaceX）CEO兼特斯拉公司CEO的马斯克曾经距离破产只有几个小时的时间，SpaceX前三次火箭发射都以失败告终，特斯拉的发布也一再拖延和推迟，马斯克毅然把个人最后的一笔300万的资金投入公司自己不得不向朋友借钱度日。经历背水一战，他的公司起死回生。

性格色彩**品三国**

◎ 为什么诸葛亮要挥泪斩马谡？

诸葛亮的领导力也来自人格魅力，他的个人操守，淡泊明志，宁静致远，都是大家所佩服的，但更大的魅力来自他严肃的一面，按常理说，严肃并不讨人喜欢，但诸葛亮治国，法令严明，赏罚公正，因此官吏不敢营私舞弊，人人自励，路不拾遗，强不欺弱，社会安定，风俗良好。

蜀汉之内，大家都敬畏而爱戴诸葛亮，刑法政令虽然严厉，但无人怨恨，为什么呢？因为他用心公平。

怎么个公平法呢？"奖赏不会遗漏疏远的人，处罚不会偏袒亲近的人，爵位不会授予无功的人，刑罚不因为权贵而免责。"

李严是刘备指定的托孤大臣之一，因为贻误军机，遭到诸葛亮流放。他常常希望诸葛亮给他机会改正错误重新做官，听说诸葛亮过世，想来接替的人不会给他机会，所以心情郁闷，生病而死。

廖立郁郁不得志，大发牢骚，说刘备一再失策、关羽治军无方，被诸葛亮以诽谤先帝、诬蔑大臣之罪，流放到少数民族聚居区汶山。诸葛亮死讯传来，廖立流泪叹息："我要终生穿异族服装了！"意思是自己再也没有机会被起用了。

东晋史学家习凿齿评价说："管仲剥夺伯氏的封邑三百户，伯氏只能吃粗粮，到死也没有怨恨，孔子非常赞赏。看看廖立、李严，哪里仅仅是没有怨恨而已呢？清水平正，镜子明亮，丑陋的人对水自顾，对镜自照，也不会有什么怨言。为什么呢？因为毫无私心。诸葛亮用刑的公正，秦、汉以来从未有过。"

诸葛大名垂宇宙——诸葛篇

马谡的哥哥马良和诸葛亮打荆州起就是朋友。马谡虽不堪大用，但也算个人才，诸葛亮南征，马谡送出几十里，说："今天打败南人，明天又要造反。明公你打算倾全国之力北伐，南人知道国内空虚，背叛更快。如果杀光南人以除后患，一下子也办不到。用兵之道，攻心为上，攻城为下，心战为上，兵战为下，希望明公能降伏其心。"诸葛亮采纳他的计谋，七擒七纵，换得孟获心服，终诸葛亮在世，南方不敢反叛。

等到马谡失守街亭，诸葛亮要斩马谡。蒋琬大叫刀下留人："当年楚国杀死成得臣，晋文公很高兴。现在天下未定，而杀死智谋之士，难道不是很可惜吗？"

诸葛亮断然拒绝："当年孙武之所以能制胜天下，在于用法严明。如今四方分裂，战火未息，如果废弃军法，又拿什么来征讨叛臣贼子呢？"

马谡临刑，写信给诸葛亮："明公，你把我看作儿子一般，我也把明公你看作父亲一样。希望你将来能任用我的儿子，使平生之交不负于此，我虽死而无恨。"当时十万之众，为之流泪。诸葛亮亲自祭奠马谡，待他的儿女和马谡还活着时一样。

蓝色执法，讲究公平公正，对得起自己，对得起别人，对得起当时的评价，经得起历史的考验。 诸葛亮自己是这么说的："我的心中自有一杆秤，不会因人而改变轻重。"

蓝色认为，犯了什么罪，就该受什么惩罚，放纵罪犯，固然可以得到一个将领，却使得国家的法纪无人遵守，哪样损失更大呢？

蓝色认为，正因为我待你像儿子，所以我才要更严格地对待你，这样，别

性格色彩品三国

人才不会说闲话，依法治国的理想才可以推广开来，复兴大业才可以实现。

但是，优势过了头，就是过当。蓝色忘记了一点，执法是公平公正了，可人才也荒废了。

黄色才不会这样做。啥叫杀鸡给猴看？

吕蒙入南郡，下令秋毫无犯。有士兵是吕蒙同乡，拿了民家一个斗笠，来覆盖军用的铠甲，这算是为公家办事，但吕蒙还是以违反军令，不能通融，流泪斩杀。于是军中震栗，路不拾遗。红色说罪无可恕，但情有可原，蓝色说情有可原，但罪无可恕，黄色则根据需要，一切为目标服务，杀一人，可以威慑军人，讨好百姓的，凭啥不干？

啥叫刀下留人？

曹操早期对将领非常宽松，甚至叛变的将领毕谌、魏种，不仅留下了脑袋，还升官当上了太守。东吴将军翟丹畏罪逃亡，投奔魏国，孙权下令："从今往后，将领犯三次重罪后再治罪。"

朱桓滥杀副官和士兵，事后借口发狂，到建业治病，孙权爱惜他的才能，不予加罪，还派医生给他看病，几个月后，让他回到军营。孙权亲自为其饯行，说："如今敌人还在，天下还没统一，我要和你共同平定天下，想让你率领五万人，独当一面，为国奋战，想必你的病不会再发作了吧？"朱桓说："我蒙受重任，这毛病，自然就好了。"

潘璋讲究排场，服饰违制，够得上君主的标准，还杀人越货，行为不法。屡次遭到举报，而孙权爱惜他的功劳都不予加罪。所以《三国志》说孙权：

"忘过记功，能占有江东，是理所应当啊！"

为啥？人才啊，哪能说杀就杀。再说，胜败乃兵家常事，败一仗，就杀一将，哪还会有什么人才能剩下？

晋景公留下了打败仗的荀林父，官复原职，后来荀林父攻灭赤狄潞氏。秦穆公任用连打两次败仗的孟明视，终于在第三次大败晋人。

再说，蜀国本来地方就小，人才就少，哪够诸葛亮杀的？即使如崇祯坐拥天下，十七年间，诛杀总督七人、巡抚十一人，兵部尚书革职的革职，下狱的下狱，斩首的斩首，自杀的自杀，人才也留不下来啊，就算留下来，也不敢担责任，怕杀头啊。到最后，他居然还好意思宣称："我不是亡国之君，你们都是亡国之臣。"

和红+黄的崇祯不同，蓝色的诸葛亮不回避、不推卸自己的那份责任，他挥泪斩了马谡，也因用人不当，指挥不明，申请自贬三级。不仅如此，他还公开表示"这次失败，责任在我"，为什么呢？为了向蜀国上下表明，不管是谁，犯了错都要受到惩罚。

而黄色更可能揽过责任而不处罚将领，秦穆公宣称："我没有听蹇叔、百里奚的话，害得你们吃败仗，是我的过错。"

司马师派王昶等征讨吴国，弟弟司马昭监军，打了大败仗，朝廷要将将领治罪，司马师说："我没听诸葛诞的话，到了这个地步，全是我的错，和将领们没啥关系。"没有处罚，只免去弟弟的爵位。陈泰请求征召军队讨伐胡人，司马师同意，结果造成百姓叛乱，司马师又说："这是我的错，不是陈泰的责任。"魏国人都很高兴，渐渐心悦诚服。嘴里道歉，却不曾有实际行动，削掉弟弟的爵位，达到了很好的效果，却不曾对司马家的权力产生实质的影响。

同样的行为，目的完全不同。对蓝色而言，下属办事有错，我监管也有责任，那么大家一起受罚。对黄色而言，把责任揽过来，收获下属的忠心、旁人的好感，值！相对而言，就像崇祯一样，红色更可能因为害怕承担责任而把责任推给别人。

后来赵藩题成都武侯祠："不审势即宽严皆误。"正是指出宽严之间，审时度势很重要，而这正是黄色的优势，蓝色的过当。

◎诸葛亮是怎么过劳死的？

诸葛亮曾经亲自校对簿籍，杨颙说：

"治理国家应该按照制度，上下的职权不可混淆。比如治家，让家仆耕作，婢女烧饭，鸡报晓，狗看门，牛拉车，马代步，各尽其力，主人就可以从容不迫，高枕无忧，喝喝酒、吃吃饭就行了。如果事事亲理，辛劳艰苦，筋疲力尽不说，终将一事无成。所以丙吉不问死人而忧心牛喘，陈平不肯知道国家钱谷数目，他们真是懂得百官各司其职。现在明公你治理国家，而亲自校对簿籍，终日流汗，不是太辛劳了吗？"

诸葛亮认错，但终究不能改正。

蜀汉使者来魏营，司马懿问："诸葛亮生活起居怎样？吃多少饭？""三四升。"这个三四升是多少呢？等于现在一斤左右，而当时的标准，士兵一人一天大约七升，合二斤。

又问政事，回答说："凡处罚二十以上的都亲自过问。"后来司马懿告诉别人："吃得少，管得多，诸葛亮怎么能活得长久呢？"

结果大家都知道，诸葛亮把自己给累死了，鞠躬尽瘁，死而后已。

最容易把自己累死的，大概是黄色和蓝色，黄色是因为对于成功的无限迫切，只争朝夕；而蓝色是因为太关注细节，又不放心别人，务求事事躬亲。

为了说服诸葛亮，杨颙举过丙吉（红色）和陈平（黄色）的两个例子。汉朝丞相丙吉出门，碰到路人斗殴，死伤横道，丙吉不闻不问，又碰上有人赶牛，牛喘气吐舌，丙吉停下车，派人去问："赶牛赶了几里路了？"下属很奇怪，丙吉解释说："民众斗殴，自然有地方官员处理。现在是春天，牛走得不远的话，不该喘气，那就是时令节气失调，三公掌管调和阴阳，是我的工作。"

汉文帝问右丞相周勃："天下一年要判决多少案件？"周勃说不知道，又问，"一年钱粮收入开支多少？"周勃还是答不出来，汗流浃背，惭愧不已。然后问左丞相陈平，陈平说："有主管官吏。案件问廷尉，钱粮问治粟内史。"文帝问："如果各有主管，那么你主管的是什么事情呢？"陈平说，"惶恐！宰相的职责是辅佐天子，对外镇抚诸侯和周边国家，对内使百姓亲近依附，让卿大夫各尽其职。"文帝很赞赏。

当然，陈平、丙吉时逢天下太平国家无事，但红色和黄色即使在战乱纷飞的年代，想来也不会亲自校对簿籍，这就是性格上的差别。

性格色彩品三国

《三国演义》加了一句话："我不是不知道。只是我受先帝托孤之重，唯恐他人不像我一样尽心尽力。"说到了点子上，蓝色还真是不放心啊！

事必躬亲，也压制了他人的积极性，剥夺了他人的成长机会。永安托孤之后，刘禅双手一摊，把一切政务交付："政事由诸葛亮决定，祭祀由我负责。"诸葛亮呢，认为刘禅不熟悉政事，总领内外，事无大小，都由自己决断。

所以他从建兴元年一直管到十二年，从刘禅十七岁管到二十八岁。诸葛亮曾经夸奖过刘禅聪明、气量大，超过期望，但你不给他机会学习、锻炼，再聪明，他如何积累经验呢？只会永远是那个扶不起的阿斗。

不仅是阿斗，"蜀中无大将，廖化作先锋"，当然首先是他的责任。诸葛亮之后，蜀汉算得上人才的，就只有蒋琬、费祎、姜维。

王夫之就批评过诸葛亮："勤于耕战，明察法令，但培养人才的道理，从未提过。"

蓝色的老板工作兢兢业业，以身作则，绝对是个好领导，同时，他们喜欢事必躬亲，不容易学会放手，还喜欢越俎代庖，因为抓在自己手里，才能保证每件事情都做得很完美。

蓝色最应该学习的，就是授权。不授权只能带来三个后果：你焦头烂额，做了太多初级的工作得不到成长，升职无望；下属缺乏锻炼机会技能没发展，公司觉得你领导无方培养不了继承人，你没有继承人所以公司觉得你还该继续留在这个位置上，升职无望；更重要的事没做，重要而不紧急的事情没做，创造性的事情没做，规划性的事情没做，总之自己该做的事没做耽误了业务的发展，业务不好当然也就是你的工作不好，升职无望。

红色授权之后，容易失之缺乏监管，事情糜烂不可收拾，而蓝色授权之后，看到芝麻绿豆大的小差错，就立刻想收回授权，其实员工固然会犯些错，也正是他们学习的机会，告诉他们错在哪里、怎么可以做得更好，他们就有可能会成长。

安得猛士守四方
——将相（曹魏）篇

曹丕受命留守，遇上事情，听从程昱的意见请示曹操，得到夸奖，司马懿听说孟达叛变，不经请示，自行出兵，我们可以从黄色学到，啥时候该请示，啥时候不该请示。遇上劫持人质，黄色倾向于拒绝劫匪，永除祸患，而红色倾向于救人要紧，答应劫匪。

孔融、祢衡、杨修，三个好朋友，职业都是幕僚，性格都是红色，他们都有强烈的表现欲，最后都因为自己的性格倒了大霉。红色的孔融，由哗众取宠发展成争强好胜、咄咄逼人；红+黄的祢衡，由桀骜不驯发展成嚣张跋扈；红色的杨修，做事张扬、爱显摆、耍小聪明，落得身首异处。典型红色的杨修性格中黄色成分最少，少了对抗性，不容易跟别人发生直接冲突，死得最晚。这三个人都是因为不知道自己性格的软肋，中了自己性格的死穴，落得身首异处。

◎为什么荀彧投奔曹操却反对曹操篡位不惜自杀？

荀彧本在京城任职，董卓之乱，他借口调到地方上离开京城，然后弃官回家，对乡里父老说："颍川，四面平坦，无险可守。天下变乱，常常成为用兵交战之地。赶快离开，不要久留。"带着全族人随韩馥迁往冀州。袁绍夺得冀州之后，弟弟荀谌以及同乡辛评、郭图，都在袁绍那里任职。袁绍也以上宾之礼待他，可荀彧认为袁绍成不了大事，南下投奔曹操。曹操很高兴，说："你是我的张良。"

他建议曹操奉迎献帝，迁都许昌："以前晋文公护送周襄王回国，诸侯听命，汉高祖为义帝服丧东伐项羽，天下归心。如果现在能够尊奉天子，以顺应民望，主持公正，使英雄归附，匡扶大义，来招揽人才，这才是最大的谋略和德行。如果现在不决定，等有人动了念头，就来不及了。"于是曹操迎回献帝，迁都许昌，荀彧出任中央政府秘书长。

之后他的主要职责类似萧何，留守后方，主持朝廷日常工作，也是曹操在许昌的代言人。各种计谋策略，各种人才推荐，不必细说。

建安十七年，董昭认为曹操应该进位为国公，赐予九锡，以表彰他的特殊功勋，此时曹操已经统一北方，从汉室几乎没有立锥之地，到重新打下大半江山，抛开汉室的正统立场来看，曹操厥功至伟，裂土封王也不算过分。

但汉朝历史上，只有早期有异姓封王，后来逐步消灭，刘邦订立白马之盟，非刘姓不得为王，文武百官，功勋再大，也只有封侯，至于"公"——只有王莽一个人封过安汉公，后来篡夺了汉室江山，所以大家都比较忌讳。

董昭咨询荀彧，荀彧说："曹公兴起义兵，本来就是为了匡扶汉室，安定国家，抱持忠贞的诚心，保持谦虚的品质，君子应该用道德的标准去爱人，不应该这样。"

曹操政权两大支柱：以曹氏、夏侯氏为基础的谯沛系，以颍川荀氏、陈氏等大族构成的颍川系。荀彧出自并且在某种意义上代表颍川系，又主持朝廷政务，他的反对对曹操来说，无疑是当头一棒。

性格色彩品三国

曹操从此视荀彧为眼中钉，先把他请到前线劳军，然后找借口留下荀彧，参赞军事，再以华歆代荀彧为中央政府秘书长，实际上是把荀彧和许昌汉朝政府割裂开来。荀彧因病留在寿春，曹操送来食物，荀彧打开一看，空无一物，于是把一切书稿，全部焚毁，然后服毒自尽。

第二年，曹操封魏公，受封十郡，开启了曹魏代汉的步伐。

如果我们探究荀彧的行为，他从头到尾，都只为了汉室的复兴，**蓝色认定的事、认定的人，很难改变，谈恋爱也好，效忠人也好**。

有人要问，那为啥荀彧一开始要投奔曹操呢？其实，荀彧投奔曹操，这已经是当时最佳选择，群雄之中，至少曹操还算是心系刘家朝廷的。

孙坚在洛阳城找到了玉玺也不上交，袁术琢磨着啥时候该轮到自己做皇帝，袁绍、韩馥打算拥戴刘虞，曹操是最靠谱的一位了，他强烈反对，他说："现在幼主弱小，受制于奸臣，一旦改立君主，天下怎能安定。各位向北效忠刘虞，我一个人向西忠于皇帝。"

他也是最早向当时的中央政府输诚效忠的，并得到兖州牧的正式任命。建安之初，汉室可以说是一尺土地、一个百姓都没有，在荀彧的辅佐下，曹操总算延续汉室十余年，未尝篡位。也正如曹操所说，没有他，"不知当几人称帝，几人称王"。

我们不能因为黄色以后的篡权，去推测黄色从一开始就是这样想的。黄色有野心，但黄色很理性，一开始的时候，曹操应该真的是只想做一个征西将军而已。后来时机来了，看见朝廷管不住董卓、管不住袁绍，那干吗我要听你的呢？黄色的野心也就随之渐渐大了起来。

安得猛士守四方——将相（曹魏）篇

而事实上，到了这个份儿上，曹操也没有选择，"自古以来，人臣匡扶世事的功劳，从来没有像今天这么大。而有今天这么大的功劳，又没有像你这样长久处在人臣的位置上的"。要么像光武帝那样夺取天下，要么像春申君那样全家遭殃，就算自己没事，也不担保身后，霍光死后第二年霍家就被族灭。

对荀彧来说，对汉室来说，曹操起初是最佳的选择。而一旦曹操谋划称公，露出篡汉的迹象，荀彧立刻加以反对，不得不说他是汉朝的忠臣。

荀彧知道，这种事，没有曹操的点头，董昭是不会来问自己的，他知道，对黄色的曹操来说，拦路的石头，要么毁掉，要么搬开，他也知道，如果他接受曹操的方案，他将是头号开国功臣，会受到萧何一样的赏赐。

但他并不打算妥协，他对汉室的忠诚不容亵渎，他不贪图富贵，他愿意杀身成仁。

曹操送空盒，荀彧猜心思，蓝色有非常强烈关心他人和希望别人明白他们在做什么的倾向，他们更加倾向于用暗示而不是直白的手法，来表明他们要传达的信息。

传说徐达背上生疮，朱元璋送来蒸鹅，当时相传生疮不能吃鹅，徐达当着使者，流着眼泪把鹅吃了，不久去世。按照这故事，朱元璋也该有蓝色才对。其实没有，赵翼早就指出，这是无稽之谈，从性格的角度来看，黄色的朱元璋杀人，更为直接，不会用蓝色猜心的方式，事实上，他诛尽功臣，都是直截了当，随便找个借口，你要谋反，杀，杀全家。

性格色彩品三国

◎为什么七岁让梨的孔融因道德败坏被处死？

孔融四岁，和兄弟们吃梨，每次都拿最小的，大人问他，他说："我人小，该拿小的。"大家都觉得是神童。

十岁那年，孔融到了京城洛阳。当时李膺号称"天下楷模"，能得到他的赏识接纳，被称为"登龙门"，可见李膺的家门很难进，如果不是才望出众或自家亲戚，根本不给通报。孔融去了以后，就对门房说："我是李府君的亲戚。"李膺请他进来，问："我们两家有旧交吗？"孔融说："孔子曾向老子（李耳）请教，岂不是世代通好？"在座无不赞叹称奇。

名人陈韪到了以后，听说这件事，说："小时聪明，大时未必。"孔融立即反击："想君小时，必定聪明。"陈韪很尴尬。李膺大笑，对孔融说："你必成大器。"又问他，"要不要吃饭？"孔融说："要。"李膺说："让我来教你做客人的礼仪，主人问"要不要吃饭"，只管回答说'不要吃'。"孔融说："不对。我教你做主人的礼仪，只管置办饮食，不需要问客人吃不吃。"自此得名。

后来，孔融当了官，可惜他既不能治民，又不能领兵。一打仗，不是大饮醇酒，亲自上马，大败而去，就是不理不睬，伏案读书，谈笑自若，城池失陷，老婆、孩子全丢了，最后只身逃到许昌，依附了曹操。

曹操雪中送炭，任命他为副部长，升部长，只管说话，不负责具体行政。刚好名气大、博学、好辩、有文采，这些都是孔融的长处。一时间，孔融以压倒性的优势成为朝廷的礼法代言人。他的很多意见，比如说，反对礼遇依附袁术的马日䃅、反对祭祀早夭的皇子、反对恢复肉刑，等等。总之你们主张什么，他就反对什么，凭着才气，把别人全辩倒，公卿大夫唯他马首是瞻，曹操也欣然接受。

政治以外，他也有不少奇谈怪论，"父亲对于儿子，有什么亲情？其实只是情欲发作罢了。儿子对于母亲，又有什么关系？好比东西寄存罐中，取出来就没什么关系了""如果遇上饥馑，父亲品行不好，宁可赡活他人"云云。

红色无比渴求别人的关注和欣赏，这使得红色成为最爱出风头的颜色，为了出风头，为了受到奖赏，为了满足自己的虚荣心和表现欲，红色会哗众取宠、咄咄逼人，刻意和别人保持意见不一致，主要是两种情结在作怪：

一、舞台情结。红色在当下一刻，非常享受自己站在舞台中央，受到众人瞩目的感觉。

二、好面子。红色非常在意自己在别人心目中的形象和地位，所以不管我是对是错，不把你驳倒我就没面子。

曹操欣然接受他的一些意见和主张，孔融得意扬扬，不仅灿烂起来，觉得曹操挟持下的汉室政府离了他肯定转不了，忘记了自己是寄人篱下，还志得意满，反客为主。

没过多久，袁术称帝，曹操要杀掉他的妹夫太尉杨彪，杨彪这人深受大家敬仰，孔融跑去见曹操，说不应该连坐。曹操说，这是朝廷的意思。孔融反驳："周成王杀召公，周公可以说不知道吗？"（周公、召公一起辅佐周成王，就像曹操、杨彪一起辅佐汉献帝）还声称，"你要杀杨彪，我明天就辞官回家。"在孔融的力保下，杨彪免于一死，但自此以后，曹操开始内心忌惮孔融，孔融却依旧傻乎乎地变本加厉。

性格色彩品三国

接下来,出现了更严重的问题。孔融和陈群两人争论"汝颍优劣",吵得不可开交,孔融说:"汝南名士胜过颍川名士。"这话本身未必错,作为一个研究课题,也可以申请经费,可是那时正是袁、曹相争之时,袁绍、袁术是汝南人,所谓汝南袁氏,曹操虽不是颍川人,但帐下谋士荀彧、荀攸、陈群、郭嘉都是颍川人。哪有这样长他人志气灭自己威风的?

他还宣扬袁绍必胜论:地盘大,兵力强,手下田丰、许攸,智谋之士,颜良、文丑,勇冠三军,我们怎么能打赢?

曹操攻克邺城后,曹丕私娶了袁绍的儿媳甄氏。孔融写信嘲笑道:"武王伐纣,以妲己赐周公。"曹操问出自何典?孔融说:"以今度之,想当然耳。"我方首脑之子娶了敌方的妻室,以此推论,周公(首脑之子)娶了妲己(敌方的妻室),曹操事先未曾阻止,事后默认,等同于曹操把甄氏"赐"予曹丕,以此推论,武王将妲己"赐"予周公。

曹操远征辽东,孔融嘲讽跑这么远浪费时间干吗。曹操禁酒,孔融却大张旗鼓地写文章宣传喝酒是多么好,不喝就会倒大霉。

红色没分寸地嘲讽、揶揄,一次两次还好,多了,没完没了,可就大逆了曹操。写信警告他,无效;把他闲置起来,无效;等到曹操统一北方后,让军法官控告孔融在北海招兵买马图谋造反,曹操就找了个理由,将孔融下狱弃市,暴尸示众。

红色的员工,只要有激励、只要有舞台,卖力、卖命都没有问题,但红色常常搞错方向,不知道老板要什么、不知道公司要什么,南辕北辙,千里马越能跑,反而离目标越远。

安得猛士守四方——将相（曹魏）篇

红色觉得自己够重要，以辞职要挟老板来达到加薪升职的目标，或许黄色老板暂时还能忍受，但以辞职为要挟放了老板的对手一马，讽刺老板的政策方略，却是大大地过界了，而公开讨论说老板必败，敌人必胜，那就离死不远了。

从政治的角度来讲，出兵辽东，打消后方的潜在威胁，是为了进兵南方统一天下做准备，曹操为节约粮食而禁酒，也算是当时的普遍策略，都是非常正确的决定，红色为了反对而反对，不过是为了自己出风头而已，批判同事不算能干，能搞到老板的脸面丢尽，才显得自己有多伟大光荣和正确。

曹操曾经评价蓝色的谋士荀攸："外愚内智，外怯内勇，外弱内强，不夸耀自己的长处，不传扬自己的功劳。他的智慧可以达成，他的愚钝别人无法企及。"明贬暗褒，夸他大智若愚。这些话，孔融能早点作为自学的教材该有多好。

嵇康诫子："少说话，就可以远离是非。""看到有人争论，赶快走开。你在旁边，难免要说话，一说话就有偏袒，一有偏袒就结下仇怨。"可惜生得晚，孔融没看到。

职场上，往往有红色凭借自己才能出类拔萃，功勋卓著，觉得地球少了他不转，对公司政策评头论足、对老板决定冷嘲热讽，这样能收获一些同事的掌声，正义感爆棚，更加变本加厉。其实，公司政策，当然有其原因，老板决定，也许也有你所不知道的事实，这些都可以加以讨论，但在公开场合，让公司、让老板下不了台，既不利于问题的解决，也不利于公司的环境，总是说不过去的。

如果只是红色，被老板训斥一顿，至少能维持上三五个月的安稳，但如果是红+黄，更为好战，更为咄咄逼人，冲突就在所难免了。

> 碰上蓝色的老板那还算好，也许还会跟你讲道理，碰上红色特别是红+黄的老板，情绪化上来，就变成对抗，两败俱伤；碰上黄色的老板，当天下未定、时局未稳，黄色的老板会强迫自己继续容忍这个不知轻重的下属，因为暂时还需要他。可怜这个红色的员工，压根儿没意识到自己做错了什么。红色继续尽情表演，而黄色继续控制愤怒，等到黄色一切尽在掌握中，忍无可忍，也无须再忍的时候，自然要拿你开刀。

◎为什么黄祖欣赏祢衡却把他杀了？

祢衡从小有辩才，喜欢故意违背习俗，待人接物傲慢不逊。许昌初建时，来自五湖四海的热血青年，为了不同的目标，终于走到了一起。祢衡觉得自己该出名，可许昌大，居不易，没人理睬，他怀揣一张名片来许昌，直到上面的字迹磨灭，也没能送出去。有人劝祢衡："为什么不去结交陈群、司马朗呢？"答："我咋能跟着杀猪卖酒的人混！"又劝："荀彧、赵稚长如何？"答："荀彧凭面孔可以负责吊丧，赵稚长该管厨房请客吃饭。"

《三国演义》中的描写更夸张："荀彧可使吊丧问疾，荀攸可使看坟守墓，程昱可使关门闭户，郭嘉可使白词念赋，张辽可使击鼓鸣金，许褚可使牧牛放马，乐进可使取状读诏，李典可使传书送檄，吕虔可使磨刀铸剑，满宠可使饮酒食糟，于禁可使负版筑墙，徐晃可使屠猪杀狗。夏侯惇称为完体将军，曹仁呼为要钱太守。其余皆是衣架、饭囊、酒桶、肉袋耳！"总之，在他的嘴里评价出来，其他人一文不值。

目空一切，大家都很讨厌他。

安得猛士守四方——将相（曹魏）篇

这位祢衡兄，只有两位朋友——孔融和杨修。当时祢衡只有二十岁，而孔融已经四十岁，相交莫逆，孔融多次向曹操推荐祢衡。可祢衡连曹操也看不上，不肯前来，曹操怀恨在心，顾虑祢衡的文章和才气名声，不能杀他，于是让他担任鼓吏。

按照规定，鼓吏有鼓吏的制服，轮到祢衡，穿了旧衣就上，击打鼓乐，鼓音深广，有金石之声，满座动容。没想到，这时有个人就呵斥他："你一个掌鼓的小吏，何不更衣？！"没想到，祢衡这小子当下就脱掉旧衣，裸体而立，从容地换上演出服，接着演奏，颜色不变。曹操笑道："本想羞辱他，反被他羞辱了。"

孔融数落祢衡，说曹操多么爱才，祢衡就答应他去见见曹操。然后，孔融又赶紧去跟曹操说，祢衡有疯癫，现在想来跟你道歉。曹操很高兴，通知营门，祢衡一来，你就赶快通报我。结果，祢衡穿着粗布单衣，戴着头巾，手持三尺木杖，坐在营门之前，用杖捶地大骂曹操。

曹操莫名其妙地被祢衡大骂一顿后，大怒，对孔融说："祢衡这小子，我杀他，就像杀只麻雀一样。只是他有些虚名，杀了他，大家都会说我不能容人，把他送往荆州吧。"

在曹操眼里，孔融、杨修参与政治，所以绝不能放过，祢衡只是个文学青年，少不更事，所以转送荆州，任他自生自灭去了。

祢衡这种傲慢的态度，不仅得罪了老板，还深深得罪了同僚。临别饯行那天，祢衡来晚了，大家说："祢衡不懂礼仪，今天他最后到，我们都不站起来，挫挫他的锐气。"祢衡一到，大家果然安坐不动，祢衡放声大哭。大家问他："你为什么哭呀？"祢衡说："坐着的像坟墓，躺着的像尸体，我坐在尸体、坟墓之间，怎能不悲伤？"改不了妄自尊大的秉性啊。

相比许昌，荆州就是乡下。到了荆州，刘表因为佩服祢衡的名声，非常尊敬他，文章、奏议都非他不定。有次祢衡不在，大家起草好奏章等祢衡回来，他没看完就一把撕掉，扔在地上。刘表惊愕不已。祢衡拿过纸和笔，笔下成章立等可取，文辞、议论，都优美可观，刘表非常高兴。

这样的领导，可以算得上是虚怀若谷，可祢衡连曹操都看不上，对刘表就更加傲慢了，到最后，连刘表这样脾气既不暴躁也不专横的人也受不了了，但刘表也怕担上不容人的名声，又打发他去了江夏。

江夏太守黄祖也是个性情暴躁的人，甘宁就是待了三年活生生被他气跑的。祢衡初到江夏时，为黄祖写公文，黄祖握着他的手说："祢衡，你正好说出了我的想法，就像我肚子里的蛔虫。"黄祖的儿子黄射，也和他很要好。相比荆州，江夏就是不毛之地，从许昌到荆州，再到江夏，周围的人对祢衡越来越看重，但他却越来越瞧不起老板和同僚，渐渐从桀骜不驯发展成嚣张跋扈。

有一次，黄祖在船上大会宾客，祢衡出言不逊，黄祖觉得自己人捅了娄子很惭愧，怒气冲冲地责备他，祢衡盯着黄祖："死老头，说什么？"这岂不是更掉黄祖的面子？黄祖大怒，喝令拖下去要打，祢衡骂声不绝，黄祖恼羞成怒，下令砍了。黄祖的秘书长向来嫉妒祢衡，立刻执行。刚被砍了头，黄祖就后悔了，只能厚葬了之。

无规矩不成方圆，人在社会，不免有些社会的规矩，红灯停绿灯行，由不得乱来。身处职场，也不免有些职场的规矩，比如同事之间相互尊重，比如遵从领导的决定。

安得猛士守四方——将相（曹魏）篇

作为领导，总有你掌握不到的信息、知识和能力，你可以提意见，但一旦领导作出了决定，就该服从，除非这个决定逾越了你的道德标准，在这种情况下，你可以拒绝，可以举报，可以辞职。

在同事特别是客户面前，当然要给领导面子，领导的面子也是公司的面子，是不便随意驳回的。否则领导没了权威，如何开展工作？领导开展不了工作，你又怎能做好事情？当然，领导也要照顾员工面子，该表扬的要当众表扬，该批评的要私下批评。

而尊重同事，以及任何人，更是社会普遍认同的规范，你抱持傲慢与偏见，不尊重同事，别人也可能会以别的理由不尊重你。就算你能在一切领域压倒一切人，大家不配合，你的工作难道就能不用依赖别人吗？

如果祢衡选择隐居不出，本来也不会有问题，但他不出山，不和人交流，红色又要闷死。做幕僚，就要守幕僚的规矩，不用你俯首帖耳，唯命是从，但不顾规矩，任由着自己的性子胡来，只管自己恃才傲物，活该最后要栽跟头。

如果祢衡不是那么桀骜不驯、说话不经大脑，冲突不会激化到极点，如果祢衡不是那么藐视同僚、嚣张跋扈，平时跟大家多交流、多点赞，这时候大家一求情，也就过去了。

如果黄祖、祢衡两个人之一的性格仅仅只是红色，或许不会发生剧烈冲突，但两个火暴的红+黄性格在一起，一旦发生冲突，天雷地火，无可避免。

所以曹操评价说："腐儒舌剑，自己害死了自己。"*

性格色彩品三国

◎为什么出身最高门第的杨修不得善终？

东汉末年，特别讲究出身，出身好的人很容易当官。曹操是宦官子弟，刘备是没落皇室，孙坚是寒族庶民，而三国里出身最好的，莫过于杨修。

他是两个最显赫——没有之三——家族的结晶：老爸杨彪，出身弘农杨氏，从杨震到杨彪，接连四代，都官至正国级。老妈出身汝南袁氏，司空袁逢的女儿、袁绍和袁术的姐妹，袁氏一家，四代之内，五人官至正国级。

杨修思维敏捷，《世说新语》中《捷悟篇》只有七个故事，他一人独占四个。丞相府造大门，刚架椽子，曹操在门上题了个"活"字，大家不明白，杨修马上叫人把门拆了。为啥呢？"门里加活，是'阔'字。"有人送来一盒奶酪，曹操吃了一点，在盖头写了个"合"字，给大家看，也是没人能懂。杨修拿起来就吃："合，一人一口。想啥呢，赶快来吃。"还有猜什么绝妙好辞，这些都是大家熟知的故事。

还有曹操与袁绍打仗，置办军械，剩有一立方米左右的小竹片，大家说用不上，烧掉。曹操想，可以用来做竹盾牌，没说出来，先派人去问杨修，杨修应声而答，和曹操想的一样，大家都佩服他的悟性。

这样的出身，出任丞相府仓储司。军国大事，杨修"总知外内"，他办事，曹操放心。太子曹丕以下，争相与他交好。他送给曹丕一把宝剑，曹丕常带在身上。曹植也喜欢他才思敏捷，屡有书信往来。

杨修支持曹植，却还和曹丕来往，有些摇摆不定。曹操常写小条子考兄弟俩，杨修私下揣测曹操的意图，预先写好十几条回答，让门卫记下。每次问题才出门，答案已进门，曹植每次对答如流。又一次，曹操派兄弟俩分头出邺城城门，暗地里吩咐门守不许放行，曹丕出不去，只好回来。杨修告诉曹植："如果门守不放行，君侯你奉王命出城，可以斩杀门守。"

曹操讨伐刘备，连吃败仗，进退两难，"心中犹豫不决"。夜宵有鸡汤，"碗中有鸡肋，因而有感于怀"，于是下了鸡肋的口令。杨修见了"鸡肋"二字，"便教随行军士，各收拾行装，准备归程"。夏侯惇大惊，杨修说："鸡肋者，食之无肉，弃之有味。可知来日魏王必要撤兵。"一传十，十传百，军心涣散，曹操拿下杨修，以扰乱军心之罪，喝刀斧手推出斩之，将首级悬于辕门外。

这是《三国演义》里的说法，事实是，几年后曹操自觉将不久于人世，深恐身后兄弟相残，政治动荡，才以泄露机密、交结诸侯之罪将杨修处死。

孔融、祢衡、杨修，三个好朋友，一言以蔽之，求关注。我们已经反复强调，**红色最容易犯的错之一就是做事张扬、爱显摆**，孔融有，祢衡有，而杨修最严重。在老板跟前不会韬光养晦，只顾驰骋聪明，不免总让老板失色。曹操在嘴上经常展示自己的大度："我的才力，差你三十里。"但曹操心中，还是留着那根刺，不是不报，是时候未到。

参与家务，更是大忌。这种事，一旦成功，收益很明显，吕不韦早就有过答案："种田，十倍利，贩卖珠宝，百倍利，拥立国君，获利无数倍。"但要在君主和两个继承人之间周旋，其中的风险同样很明显。

对曹操来说，他要考的不是你杨修，而是两个儿子，父子、兄弟骨肉之间，干你一个幕僚屁事？你要是曹植的私臣也就罢了，偏偏你还是我曹操的幕僚，我还没死呢，你乱折腾个啥？

性格色彩品三国

知道黄色的贾诩是怎么做的吗？当曹丕问贾诩该怎么巩固自己的地位时，人家贾诩的说法是："发扬美德，躬行学业，孜孜不倦，孝顺父母，如此而已。"如此而已！

再看看蓝色的诸葛亮又是怎么做的？刘琦不受老爸刘表喜爱，三番求计诸葛亮，诸葛亮死也不肯回答。有天，两人登上高楼，刘琦让人抽走梯子，哀告："我想要求教良策，先生恐有泄露，不肯出言。今日上不至天，下不至地，出君之口，入我之耳，可以赐教了。"诸葛亮这才教他自告奋勇守卫江夏，逃离襄阳，以求自保的办法。

曹操出征，曹植写了长长的文章歌功颂德，曹操很高兴。曹丕怅然若失，智囊吴质耳语："哭就行了。"曹丕泣不成声，依依不舍，哭得曹操和左右抽泣凝噎，于是大家都觉得曹植华而不实，而诚心不及曹丕。人家曹丕向吴质请教，每次都把吴质藏在竹篓里，用大车偷偷运进府中，从不张扬。

出身寻常、资质不及的幕僚吴质，规避了张扬的过当，封侯拜将、都督河北；而高官五代出身、天资聪颖的杨修，唯恐天下不知自己的才能，不得善终。黄色的贾诩小心谨慎，封侯拜了太尉，大儿子娶了公主，小儿子封了列侯，一直活到七十七岁，得以善终。

◎ 为什么司马懿不经请示而曹丕却事事请示？

曹操出征马超，曹丕留守。遇上田银、苏伯叛乱，曹丕派军讨伐，有一千多人请求投降，大家认为应该全部杀掉。

安得猛士守四方——将相（曹魏）篇

程昱说："天下大乱、群雄纷起的时候，所谓包围之后才投降的人不予赦免，用来威吓天下，给人指条明路，早点投降。现在天下大致平定，而且在我们的控制地域之内，杀了他们也起不到什么威慑作用。如果真要杀，最好先请示。"

大家说："受命军事，无须请示。"程昱不说话。曹丕是个聪明人，单独找程昱问："还有什么话没说完吗？"程昱说："自由行事，无须请命，这是说临时急事，来不及请示。现在这些人已经控制住，不会发生什么变化。"

曹丕也醒悟过来，派人去请示，曹操果然下令赦免。等曹操回来，听说这件事之后，非常高兴，对程昱说："你不仅计谋高明，还善于在父子之间和谐相处。"

郑国商人弦高，遇上秦军偷袭郑国，冒充使者献上礼物，把孟明视哄走，这叫无须请示。汉武帝时，博士徐偃奉命巡视各地风俗，擅自准许胶东、鲁国冶铁、晒盐，遭到弹劾，徐偃说大夫出疆，有利于社稷、万民，可以专断于外。终军责问说："古代进行外交，呼吸之间，变幻莫测，所以允许不经请示假托命令专断于外，可现在天下一统，你请示也来得及啊。"将徐偃处死，这叫必须请示。一个是紧急事务，来不及请示；一个完全可以汇报后再实行，那就必须请示。

太子留守、监国以及更普遍的官员出巡、将领出征、外交官出访，当然会遇到紧急事件，必须及时处理，所以俗话说"将在外，君命有所不受"，其实，这只不过是君主授权，并不意味着你真的什么都可以全权处置，一旦你真的这么做了，对君主的权力和威信构成了威胁，那你就离死期不远了。周恩来是这样对特命全权大使王国权说的："外交部的工作授权有限，凡事多请示报告。"

性格色彩品三国

同为黄色的司马懿，就知道啥时候才该用这句"君命有所不受"。

孟达打算叛魏投蜀，他想：司马懿在宛，东距洛阳（魏帝）八百里，西距上庸（孟达）一千二百里，方向正好相反，司马懿先报告魏明帝，得到批准后，开始出兵，怎么也得要一个月。可不料司马懿得到消息，一边派人报告曹叡，一边并不请示，立刻出兵，八天之内，以迅雷不及掩耳之势兵临城下，擒获孟达。

突发事件，一旦请示，就会丧失时机，这就是将在外，君命有所不受。等到他统领大军，和诸葛亮对峙，却常常请示，为什么？因为并不紧急。他还借着君命来压服手下："不是我不愿意打，是天子有令，坚守勿动。如果出战，有违君命。"*

以绿色为主色的羊祜镇守襄阳，筹备灭吴，等到陆抗去世，羊祜建议发兵，遭到反对。羊祜只好感叹"天下不如意事，十有七八"，也不曾见他自作主张，擅起边衅。

而以红色为主色的邓艾，却因此而送命。邓艾灭蜀，得意扬扬，他觉得，与其把刘禅送往洛阳，不如把刘禅留在蜀地，封为扶风王，让东吴感觉到魏国招降的诚意。这想法没错，但请示下又如何？监军卫瓘说："这事应当报告，不该擅自行事。"邓艾说："将在外，君命有所不受。大夫出疆，只要有利于国家社稷，不经请示假托命令专断于外便宜行事也可以。"结果呢，以谋反罪遭到逮捕。

黄色的程昱，进退有度，早请示晚汇报，得到曹操的赞赏和信任；红色的邓艾，不肯请示，惹恼了司马昭，终生没有给他平反。

现代职场上，往往根据等级授权，什么级别可以给客户承诺什么样的折扣、什么级别可以批准何种金额的报销，这在很大程度上，明确了各方职责，避免了上下级对授权理解不一致而造成的烦恼。

然而，任何规则都不可能涵盖所有内容和细节，**蓝色遵循规则，黄色尊重职权，绿色怕惹事，都会请示汇报，只有红色**，往往对自己，以及对老板心目中的自己，过于信任，自作主张，不事先请示，不事后汇报。**红色觉得，只要自己是为公司考虑，只要最后的结果是好的，就可以这样做**。但从公司治理的角度来看，每个人都任意逾越自己的授权，总有一天、总有一次，会给公司惹来大麻烦的。

推崇绿色的道家文化，倡导黄色的法家文化，殊途同归，在这点上达成一致。庄子说"庖人虽不治庖，尸祝不越樽俎而代之矣"，厨子不下厨，祭祀也不该代他来烹调。韩非子举过一个例子：韩昭侯睡觉，典冠（负责帽子的官员）看到他冷，给他盖了件衣服。昭侯醒来，挺高兴，问："谁给我盖了衣服？"答曰："典冠。"于是将典衣（负责衣服的官员）和典冠一起治罪。典衣没有尽责，典冠越俎代庖。韩非子总结说："不是不怕冷，而是官员越职，（对君权）的危害，比君主受冻更严重。"

换言之，不是公司不怕受到损失，而是员工自作主张，对公司的危害，比没有及时决策更严重。

◎ 人质遭劫持该答应劫匪还是拒绝谈判？

曹操派遣钟繇、夏侯渊讨伐汉中，马超、韩遂等凉州军疑心他们假道灭号,于是一齐起兵反曹。

当时,马超父亲马腾及全家二百多口在邺城做人质,韩遂也有儿子在邺,马超对韩遂说:"现在马超抛弃父亲,以将军你为父,将军也应该抛弃儿子,以马超为子。"结果,这些人质全被处死,夷灭三族。

黄色事业优先,为了事业,可以牺牲一切。

三国战乱,忠臣孝子不能兼顾的时候多了去了,大家的选择也不一样。曹操入荆州,抓获了徐庶的母亲,徐庶(红色)辞别刘备,指着自己的心口说:"本来想和将军你共同谋图霸业,所依靠的就是这方寸之地。如今失去老母,方寸已乱,无助于大业,请允许我就此告别。"投奔曹操。

诸葛亮北伐时,姜维(黄色)归蜀。当时姜维与母亲失散,后来母亲来信,让他回家。姜维回信:"良田百顷,不在一亩,但有远志,不在当归。"为了建立封赏万亩的功业,不能承欢一母,有了远大的志向,不在于眼前的亲情。远志和当归都是药材,后来金庸在《倚天屠龙记》中化用了这个典故。

然而这种说法,黄色不能同意,马超强调自己也是不得已,投鼠不可忌器,曹操明明要打过来,我只能把父亲和全家放在一边,否则大家一起玩儿完。黄色会说:"我投降,老爸只会没命。我造反,才可能保全老爸的性命。"

好比劫匪劫持了人质,以此威胁他人把自己绑起来,你会做吗?红色多半会做,而黄色不会,黄色的第一考虑是:如果我把自己绑了起来,劫匪就可以肆无忌惮地杀我们两个,只有我和劫匪坚持,才能救人质。隗嚣舍弃儿子也不愿意投降光武帝,道理并无不同。

安得猛士守四方——将相（曹魏）篇

有人假投降，抓住夏侯惇，索求赎金，军中一片震惊。部将韩浩非常冷静，派兵守住营门，召集官员将领，下令不得任意行动，大家才安定下来。然后，韩浩来见劫持者，说："你们这些叛逆，劫持大将军，还想活着回去吗？我受命讨伐叛贼，怎么可能以一个将军的缘故，就放你们回去呢？"又哭着对夏侯惇说，"对不住啊，这是国法。"命令士兵攻击劫持者，劫持者惊慌失措："我只是想要点财物而已。"韩浩一再斥责，把他们都杀了。曹操听到这件事，对韩浩说："你的方法，可以万代效法。"下令以后有劫持人质的，只管攻击，无须顾忌人质，从此劫持绝迹。

进退两难，赎回救下眼下这个人质，但必然会鼓励更多的劫持；拒绝呢，眼下的人质必然不保，但将来可以减少劫持。抛开道德因素，单单就性格而言，**黄色更倾向于宁可牺牲人质，也不能交赎金，放过劫持者，这样将来才不会有更多的劫持案例；红色倾向于救人要紧，缴纳赎金救回人质，然后再想办法抓住劫持者。红色觉得黄色太冷酷，黄色觉得红色妇人之仁。**

其实两种做法，并无对错可言，取决于时势。"9·11"之前，美国是不鼓励和机上劫匪直接冲突的，该听的话就听，该给的钱就给，这是和平时代的做法，"9·11"之后，恐怖主义风起云涌，如果啥都听劫匪的，死无葬身之地不说，只怕还要拉上不少垫背的，所以又开始鼓励战斗到底。

商场上、职场上并无不同，客户要挟给折扣，否则就要投诉；员工要挟加薪，否则就要离职。恕难从命，会不会带来损失？予取予求，对方是否会变本加厉？红色偏重于前者，而黄色偏重于后者，没有对错，只在权衡利弊。

对黄色而言，如果是别人的儿子，死了也没关系，所以要牺牲人质保全政府的声誉，对自己的儿子，那可不行，李嘉诚（黄+红）听说儿子被绑架，当场同意支付赎金二十亿。而红色有可能做出相反的举动。

桥玄的小儿子十岁，独自在家门口玩耍，被人劫持。劫持者跑进桥玄家，跑上阁楼，索要赎金，桥玄拒不同意。不一会儿，官兵过来，团团围住，大家怕伤到桥玄的儿子，不敢进攻。桥玄瞪大眼睛，大叫："奸人罪大恶极，我怎么能因为一个儿子的性命而纵容罪犯呢？"一起进攻，桥玄的儿子也死了。桥玄到皇宫谢罪，请求布告天下："凡是劫持人质的，一律格杀勿论，不许交赎金，不能让罪犯有利可图。"从此京城劫持绝迹。

探究红色的心理，红色感动于他在小家和天下之间选择了大爱，选择了牺牲，不要说儿子，就是自己也无所谓。陈天华蹈海，来唤醒睡狮。谭嗣同说："各国变法，无不从流血而成。今中国未闻有因变法而流血者，此国之所以不昌也。有之，请自嗣同始！"都是一个道理。

◎徐州地方派是如何保护自己的？

按东汉的制度，州、郡长官，只用外地人，其他政务官吏，主要用本地人。相当于分公司经理，是由总公司指派外来人员担任，副经理以下，全由内部产生。

这就形成了各州、郡的地方实力派，虽然到了汉末有些变调，但还没大改，袁绍的冀州系、刘备的益州系、孙权的江东系，都起源于此。

作为地方实力派，在生死存亡之间总有选择，正如鲁肃所说："我投降，曹操怎么也得给个官做，坐牛车，有跟班，逐级升迁，最后少不了刺史、太守的位置。"而陈登，就是徐州地方实力派的代表。

东汉末年，徐州第一任长官是陶谦。他任用徐州本地人糜竺、赵昱、王朗处理政务，陈登屯田，兖州人臧霸、孙观、丹阳人许耽领兵打仗，丹阳人笮融督粮。

在他的治理之下，徐州从黄巾之乱里的荒灾和饥饿中快速恢复过来，百姓殷实，谷米丰足，各地流民纷纷逃到徐州。曹操的父亲曹嵩被陶谦的部下所杀，曹操起兵复仇，徐州的抵抗应该算是团结一致的。后来又发动第二次东征，正逢吕布占据兖州，曹操不得不退兵。这时候，陶谦病死了。

在病榻上的时候，陶谦对糜竺说："非刘备不能安定徐州。"以陶谦言，可以说是为了徐州的未来考量。于是糜竺率领徐州士民迎请刘备，刘备不敢接受，这时候陈登出马了，他说：

"现在汉室衰微，天下动荡，建功立业，就在今日。徐州殷实富足，人口百万，希望刘备你来主持州务。"

刘备推托："袁术近在寿春，四世五公，天下人心所向，不如把徐州交给他。"

陈登说："袁术骄傲自大，不是治理乱世的人才。今日徐州，可以集合十万马步兵，上可匡扶天子、拯救百姓，下可割据一方、守卫疆土。"他又写信给袁绍，为刘备张势，请求支持。

刘备得到陈登、糜竺这些地方实力派的支持，答应出任徐州刺史。

不久，张飞想杀陶谦旧部、下邳国相（太守）曹豹，导致丹杨兵叛乱，吕布占领徐州。陈登毫不犹豫地顺势投靠吕布。

陈登的老爸陈珪，是袁术少年时的好朋友，可陈珪不赞成吕布和袁术结为亲家，劝说吕布："曹操威震海内，将军你应该和他站在一条战线上。现在袁术有称帝之意，和他结亲，得罪天下，危若累卵。"于是吕布追回女儿，把迎亲的韩胤抓起来送往许昌。

在许昌，陈登对曹操说，吕布勇而无谋，反复无常，劝曹操早点对付他。

曹操大喜，给予陈珪部长待遇，拜陈登为广陵太守。临别握着他的手说："东方的事情，就托付给你了。"意思就是叫他暗中联络部众做内应。

吕布很不高兴，拔出戟剁在桌子上，说："你们劝我联合曹操，和袁术断绝关系，现在我没当成徐州牧，你们父子反而升了官，我被你们卖了。"

陈登颜色不变，慢慢回答："我见到曹操，说养将军你比如养虎，必须让他吃饱，否则就要吃人。曹操说，不对。比如养鹰，饿着才会服从命令，为我所用，饱了就飞走啦。"吕布的怒气才平息下来。

再后来，曹操攻打吕布，陈登率领士兵，为曹操先锋，吕布惨死。

纵横家，是为战乱而生。战国时苏秦、张仪，翻手为云，覆手为雨，合纵连横，楚汉之争，还有郦食其、蒯通，到汉末三国，所谓以三寸不烂之舌，退百万雄兵，也是这些纵横家。纵横家朝秦暮楚、反复无常，只从政治现实出发，以黄色为主。

陈珪、陈登父子，可以说是其中高手，说服刘备接管徐州，说服吕布断交袁术，说服曹操图谋吕布封赏自己，又说服吕布安心，最后又叛变把吕布送入死亡陷阱，不是说他们说的没有道理，但他的核心目标永远不变，就是为了自己，为了徐州集团，或者说陶谦旧部。

黄色尊重强者，鄙视弱者。既然刘备、吕布、袁术是弱者，那我们就该一刀两断，曹操是强者，我们就该跟着走，这才是保护自己的最好办法。

黄色认为，即使曹操曾经血洗徐州，屠过好几个县，但黄色觉得，既然曹操必胜，那就必须放下恩仇，一切向前看。

毛宗岗说过："陈珪不但不是为吕布，而且要谋取吕布。但与袁术绝交的策略，口口声声为了吕布，谆谆心意爱护吕布，就像效忠于吕布的人，没有比陈珪更忠心的那样。"

吕布灭亡之后，曹操一时半会儿也拿他们没啥招数，只好把徐州，甚至青州军政，委托给徐州集团及陶谦旧部，陈登、臧霸、孙观等人手里。陈登因功加封伏波将军，颇得江、淮之间的民心，屡次击败孙权的入侵，有并吞江南之心。等他转任东城太守，广陵百姓，扶老携幼，背着包裹家当，要跟他去东城。可惜天不假年，后来曹操感叹："恨不早用陈登之计，而让孙权跨有江南。"

所以，同为黄色的刘备和他惺惺相惜，他夸刘备有王霸的才略，刘备夸他能文能武、有胆量有志向。许汜说："陈登江湖之士，桀骜蛮横。"刘备问："为什么这样说？"许汜说："我经历战乱，经过下邳，见到陈登。陈登没有招待客人的意思，久久不跟我说话，自顾自睡在大床上，让客人我睡下床。"刘备说："你有国士之名，现在天下大乱，天子流离失所，希望你忘家忧国，能拯救世事。而你只想着买田亩、置房产，凭什么要陈登跟你说话啊？如果是我，自己睡在百尺高楼之上，让你睡地下，何止是上下床啊。"

浪花淘尽英雄
——将相（蜀吴）篇

关羽非常爱面子，极其渴望得到表扬，很容易看不起别人，却又极其害怕别人看不起他，所以当张辽以天下耻笑劝说他时，他投降了曹操，而诸葛瑾以识时务者为俊杰劝说他时，他予以拒绝。因为看不起别人，他和张飞因为情绪化对待下属，导致下属叛变而死。

◎关云长为什么败走麦城？

关羽、张飞勇冠三军，都被称为"万人敌""熊虎之将"，但两人有区别：张飞是个粗人，佩服有才学的，却不能体恤爱护士兵和百姓，"残暴而不施恩惠"。关羽读过书，爱好《左氏春秋》，能善待士兵，却心高气傲，盛气凌人，看不起文人，也看不起武将。

马超归降刘备，关羽写信给诸葛亮，问马超的才能和谁差不多？

诸葛亮回答说："马超文武兼备，勇猛刚烈过人，一世人杰，黥布、彭越之徒，能和张飞并驾齐驱，一争先后，怎么比得上美髯公你的绝伦超群呢？"关羽的胡子（髯）很漂亮，所以诸葛亮称他为"美髯公"，一句话就拍了两马屁，关羽十分开心，捋捋自己的胡子，笑嘻嘻地把来信传遍荆州朋友圈，必须转！

刘备自任汉中王，任命关羽为前将军，张飞为右将军，马超为左将军，黄忠为后将军。这大概是凑数，诸葛亮劝他："黄忠的名望，比不上关羽、马超，现在把他们放在一个数量级上。马超、张飞在益州，看见了黄忠的功劳，关羽在荆州，不知道黄忠的能力，恐怕一定会不高兴，这样做不一定好吧。"

刘备说："我自己来跟他解释吧。"于是派了费诗去荆州，关羽果然情绪化发作，怒气冲天："大丈夫决不和老兵同列。"不肯接受任命。

费诗说："从前萧何、曹参，与高祖刘邦同举义旗，陈平、韩信，后来才来投奔，而他们的职位，韩信最高，也没听说过萧、曹有抱怨的。现在汉中王因为一时的功劳，给予黄忠很高的位置，然而内心怎么可能把黄忠和你放在同等的地位上呢？汉中王和君侯你，如同一体，休戚与共，祸福同当。我认为你不应该斤斤计较官位高低、薪水多少。我不过是一个使者，你不接受，我这就回去也没关系，但是我痛惜你会做出这样的举动，只怕你会后悔而已。"

又是一顿马屁，说得关羽立即接受任命。

孙权图谋荆州，东吴大都督陆逊以一个脑残粉的口吻写信给关羽，极尽卑躬屈膝、肉麻吹捧跪舔之能事：

"先前你伺机而动，一举取得大胜，多么伟大啊！打败敌国，同盟受益，听到喜讯，击节赞赏，我想你即将席卷中原，共同扶助朝廷。近来我受命来这里，仰慕你的风采，想听到你的教诲。"

又说："俘获于禁，远近欢欣赞叹，认为将军的功勋，足以长留史册，重耳退避三舍、韩信背水一战，也不能超过。我才疏学浅，不能胜任，高兴与有声望和德行的人为邻，乐意倾尽我的意见，即使不合乎你的策略，也是我的心意。如果明了我抬头注视仰慕的目光，希望能加以体察。"

关羽本来留了不少兵马防备东吴，表扬信一来，就把士兵都调去围打樊城，为此付出的代价是——生命和荆州。

爱美之心人皆有之，不同性格都需要表扬和激励，但红色尤其需要激励，渴望表扬，这是做老板的该知道的。

你可以表扬红色做事情又快又好，可以表扬红色说的话在理，可以表扬红色文件叠得整齐，可以表扬红色新做的发型新奇，这些表扬，最好每天换着来，都能让红色的情绪正向移动，会让他一天、一个小时或五分钟都在兴奋点上，工作效率提高50%。可蓝色和红色相反，蓝色不愿意站在聚光灯下，你说蓝色发型好看，他就想着要逃避大众的视线。**蓝色接受赞美，但他们需要精准的表扬和激励，哪句话让你感同身受，为什么。相对于绿色不欢迎不排斥，黄色更需要对能力的认可和尊重。**

红色切不可被马屁绊倒，这是红色自己该了解的。

> 特别是当上了经理甚至老总，难免总有人顺着你的心情，未必是阿谀奉承，溜须拍马，但溢美之词在所难免，时间一长，自己就飘飘然，得意扬扬，沾沾自喜，觉得自己真的是无所不能、无所不会，要么对下属的指导细致精微，好像自己在任何领域都是专家，要么不经思考，拍脑袋做大决策，好像以前的成功可以保证以后的成功。张宝幼老师分享过，当她作为一个培训师受到太多奖赏飘飘然的时候，她就会去参加培训课，看看更优秀的讲师。对于经理也一样，当你感觉飘飘然的时候，你可以去看更高层的经理，跟他们聊聊，找找自己的进步空间。

◎张飞怎么会死于小人之手？

诸葛亮临去西川，反复叮嘱关羽："北拒曹操，东和孙权。"关羽满口答应，可等到孙权向关羽求亲，关羽却不记得了，情绪化发作，辱骂使者，说："我家虎女怎肯嫁犬子！"*孙权大怒。这就导致了后来东吴进兵，白衣渡江。

而且，关羽轻视南郡太守糜芳、将军傅士仁，你想，关羽对待马超、黄忠和陆逊这些谋臣勇将，尚且如此，自己下属就更不会放在眼里。他俩负责粮草军资，出了错，关羽痛打四十大板，却又让糜芳守南郡，傅士仁守公安。*让他们镇守要地，却又说："等我回来，有你们好看的。"结果，糜芳、傅士仁叛变，最终导致关羽被俘、被杀。

张飞常常大大咧咧地公开训斥下属，对于将士，张飞性子暴虐，动不动就施刑杀人，常常鞭打手下，而且他觉得没关系，还把那些受过处罚的人留在身边。刘备曾经告诫张飞："这样会招来祸患。"张飞拒不改正。

在徐州，他要杀曹豹，导致丹杨兵叛乱，丢掉徐州。好了伤疤忘了疼，在阆中，终被手下所杀。这两件事，《三国演义》里细细写过，虽是小说家言，但非常吻合张飞的性格。

徐州——刘备派张飞留守徐州，告诫张飞少喝酒，张飞却摆开大宴："大家今日一醉，明日都要戒酒。"轮到曹豹，曹豹推说不能喝酒，张飞说，"违我将令，该打一百！"曹豹说："看在我女婿吕布面上，饶我一次吧。"张飞说："你拿吕布来吓我，我偏要打你。我打你便是打吕布。"打了五十下，曹豹回去，就引吕布入城，夺了徐州。事后居然还被吕布调戏："我不是想夺徐州，只因张飞在此，醉酒杀人，恐怕有失，所以来帮忙守城而已。"

性格色彩品三国

阆中——刘备下令伐吴，为关羽报仇。张飞红色情绪化发作，下令三日之内，置办白旗、白甲，三军挂孝伐吴。范疆、张达又不是诸葛亮，哪能草船借箭？请求宽限几日。张飞气愤难耐："我报仇心切，恨不得明日就到荆州，你们竟敢违我将令！"下令各鞭打五十，又说，"违了期限，就杀了你们示众！"范疆、张达无路可走，只好乘张飞醉倒，将其一刀毙命。

关羽痛斥东吴使者，张飞怒鞭督邮*，关羽斥责麋芳、傅士仁，张飞痛打曹豹、范疆、张达，我们都可以归于红色情绪易激动，自控力差。

同样以红色为主色的吕布和孙翊也犯过同样的错误。侯成追回了丢失的十五匹马，酿了点酒，猎了几头猪庆贺，宴会前，先拿着半只猪、五斗酒来见吕布："托将军的福，追回了马匹，酿酒猎猪，不敢擅用，先请将军尝尝。"这当然是好意，可吕布大怒："我下令禁酒，你就酿酒开宴，大家称兄道弟，难道是要谋杀我吕布吗？"侯成害怕，和宋宪、魏续一起投降曹操，导致吕布城破身亡。

孙策、孙权的弟弟孙翊骁勇强悍、果敢刚毅，有孙策之风，可他常常责骂妫览、戴员，后被二人所杀。

每个人都有情绪激动的时候，家人有事、丢了单子、电话不断、被老板训斥、下属办错事，有情绪在所难免，如何去控制、如何快速冷静下来，非常重要。**红色觉得自己直性子、急性子，情急之下说些难听的话，没什么了不起。**就像关羽既然看不起麋芳、傅士仁，既把重任托付给他们，又偏要说几句自己觉得解气的话，不可理喻。

可你的朋友、你的同事、你的员工都不是你的情绪发泄垃圾桶，制怒是对他人的尊重，更重要的是，发泄情绪可以获得一时的快感，长远来说等同自寻烦恼,你的朋友可能因此不愿意和你深交,你的同事可能会因此对你敬而远之,你的员工可能因此变得报喜不报忧,你的老板可能会因此觉得你无能。

据说,屠格涅夫与人吵架时,就把舌尖放在嘴里转10圈,以使心情平静下来。而乐嘉老师常说:"愤怒不见人,见人不说话,说话不议论,议论不决定,决定不行动。"这是针对红色的警告。

◎杨仪落魄时心态不平衡有什么后果?

魏延和杨仪是诸葛亮的左膀右臂,两人都很有能力。魏延,刘备亲信家将,随刘备入蜀,后来魏延跟随诸葛亮北伐,屡次立功,先破郭淮,后破司马懿。杨仪担任丞相府秘书长,负责分配部署、筹办粮食,不假思考,须臾片刻,就能处理完毕,军事调度都由杨仪负责。

魏延爱护士兵,勇猛过人,但性情高傲自大,大家都不敢和他相争,退避三分,只有杨仪从不忍让,魏延很生气,两人势同水火。坐一起就吵架,有时魏延举刀向着杨仪比画,杨仪则泪流满面。

可以说两人的性格各有缺点,诸葛亮赞赏杨仪的才干、魏延的骁勇,常常遗憾两人不能好好相处,不忍心有所偏袒。费祎也常常坐到他们旁边,规劝开导,可以说,终诸葛亮一世,能够各尽魏延、杨仪之才能,也仰仗了费祎的帮助。

两人的矛盾,闹到连孙权都知道了。费祎出使东吴,孙权大醉,问:"杨仪、魏延，放牛的小孩子。虽然有些鸡鸣狗盗的小用途，出任高官，一旦诸葛亮不在，必生祸乱。诸君糊涂，没有考虑到这些，为子孙做打算吗？"费祎说："杨仪、魏延不过是私下里的怨恨，并没有黥布、韩信造反的图谋。现在正当扫除强敌，统一天下，正是用人之际。如果因为这个而不任用，防备后患，好比是因为有风浪而把舟船都放弃了，不是长久之计。"孙权大笑。诸葛亮听闻，认为费祎说得很对。

诸葛亮死后，杨仪受诸葛亮委托撤兵，而魏延认为自己应该统率全军，他对费祎说："丞相死了，可我魏延还在啊。亲属和相府官员护送灵柩回去安葬，我自然应当率军打仗，怎么可以因为一个人的死，而荒废天下大事呢？再说我魏延是什么人，哪能听杨仪的指挥？"

两人各自上书攻击对方造反，一日之内，文书纷纷传到朝廷。刘禅问董允、蒋琬，两人都担保杨仪而疑心魏延造反。其实，两人都无意造反，只是想争夺诸葛亮的继承权而已。

结果，魏延被杀，夷灭三族。

不过鹬蚌相争，终是渔翁得利。诸葛亮有两个秘书长，杨仪随军出征，蒋琬留守成都。诸葛亮觉得杨仪性格急躁、偏狭，蒋琬胸怀大志，忠心耿耿，所以推荐蒋琬做继承人。

杨仪比蒋琬资格老，自以为才能也更高，灭杀魏延，功劳甚大，结果，只得了一个闲职。蒋琬继任之后，杨仪常常抱怨，不加节制，大家都不敢跟他说话。只有费祎去慰问他，杨仪总算逮着一个人，前因后果絮絮叨叨说了一通，又说："丞相死的时候，如果我带着军队投奔魏国，还会沦落到这个地步吗？追悔莫及啊！"费祎告密，于是废为平民。到了流放地，杨仪继续胡言乱语，言辞激烈，于是遭到逮捕，杨仪自杀。

彭羕被降职为太守，很不高兴，去拜访马超。马超问："你才能出类拔萃，主公对你非常看重，认为你应该和诸葛亮、法正并驾齐驱，怎么会任命你到外地小郡去当太守呢？"彭羕称刘备为"老兵子"，说："老兵子昏乱荒谬，还有什么可说的。"又说，"你主外，我主内，可以轻松平定天下。"等彭羕走后，马超立刻报告，彭羕被杀。

廖立自以为凭才能、论名望，可以做诸葛亮的副手，却沦落在李严等人之下。李邵、蒋琬来访，廖立批评刘备一再失策、关羽治军无方，又把朝廷大臣说得一文不值，文恭没有法制，向朗只会遵守法制，王连盘剥百姓，郭演长只知道附和别人。李邵、蒋琬报告诸葛亮，于是廖立遭到流放。

杨仪、彭羕、廖立，三个红色，自认怀才不遇，大发牢骚，红+黄的魏延更是自作主张，不受军令，最终"招致祸患，无一不是自己造成的"。**落魄时，最难的就是心态平和，而这一点，红色无疑是四种颜色里最差的。**

向上发展的红色，最需要的是永续的关注目光，优势的红色，会积极地展示自己，过当的红色，则通过不停地喧嚣来试图达到目的，难免会遭到一些厌烦。被打入冷宫的红色，和被男朋友或女朋友抛弃的红色，他们最需要的，还是关注的目光，所以，他们选择诉说、选择发牢骚，这些举动只会把他们推向绝境。

吕不韦遭到罢免，依然宾客、使者络绎不绝，被秦王嬴政斥责，自杀。
孔融遭到闲置之后，居然不知悔改，顶风作案，依旧每天宾客盈门、高朋满座，他的口号是：座上客常满，杯中酒不空。遭到处决。

崔琰受到处罚，仍然宾客往来，门庭若市，对着宾客吹胡子瞪眼，貌似有怨气，被曹操下令赐死。

人生难免悲欢离合，职场、商场，难免潮起潮落，有一日看尽长安花的得意，也有潦倒新停浊酒杯的失意。当然，我们可以把自己的失败归咎于客观原因，大环境不好、货币战争、社会黑暗、公司政策不灵活、同事不配合、员工不努力、家人不理解、孩子不听话，短期内，这确实可以减轻我们的一些心理负担。

在这时候，红色可能会抓住一切能抓住的人抱怨，就像红色失恋之后容易抓住一切能抓住的人表明自己痛苦万分、痛彻心扉、痛不欲生。你可以抱怨，但抱怨是有限度的，没有领导会欣赏成天抱怨的员工。更可怕的是，如果你找错了人，结果就像杨仪几位一样。

当受到朝廷闲置被冷落时，最正确的做法应该是什么呢？

看看黄色的贾诩，人家跟过董卓、李傕、段煨、张绣，换言之，和孔融一样，是从别的公司跳过来的，不是老板最信任的那批创业初期共患难的兄弟，所以他常年闭门谢客，不结私交，不结高门，最后，天下都推许他的智慧与安身立命之道。

看看蓝色的徐晃，行事谨慎，终身不太和别人交往，他说："古人担心不能遭遇明君，现在我既然遇上了，只要效力建功，个人的名誉有什么用呢？"

更严重的问题在于，**如果你不能很快地走出来，从自己身上找原因，总结经验教训，那下一回合很可能还会是失败，继续失败，然后堕入恶性循环**。更可怕的是，你会真的相信你就是受害者、是牺牲品、是低能儿，这会对你的未来产生巨大的负面效应。

> 对红色而言，最好的做法是停止抱怨，全身心投入新工作，就像解决红色失恋后遗症的最佳方法就是开始一段新恋情。

◎为什么蒋琬能淡对批评？

诸葛亮死后，由蒋琬执政。当时，大家都惶恐不安。蒋琬处变不惊，非常淡定，既没有悲戚的表情，也没有得意的神色，神情、举动，和平时一样，从此，大家渐渐信服。

人事司杨戏性情简阔，和他说话，他时常不回答。有人说："你和杨戏说话，而杨戏没有回答，轻慢上司，不是很过分吗？"蒋琬说："人的想法不同。当面顺从背后说坏话，这是古人所告诫的不正确做法。杨戏要是赞成，不是他的本意，要是反对，就是彰显了我的过错，所以沉默，这是杨戏的机敏。"还提拔杨戏为太守。

杨敏曾经诋毁蒋琬："做事糊涂，实在比不上前任。"主管官员请求追究杨敏予以治罪，蒋琬说："我确实比不上前任，没什么可以追究的。"官员又说，那可以问为什么说你做事糊涂，蒋琬说："我比不上前任，一定有做事不合理的地方，做事不合理，不就是糊涂吗，又有什么可以追究的呢？"后来杨敏因他事犯罪下狱，大家都认为他会被处死，结果蒋琬网开一面，免除他的死罪。

平和的红色很难有大进取，但也不容易有大失误，比起激烈的魏延、杨仪，更符合蓝色的诸葛亮的期望，也比较符合红色的刘禅小富即安、坐吃等死的心态，对诸葛亮治下疲惫的益州百姓来说，休养生息更是最佳治疗方案啊。

同样红色的刘虞、刘表，把幽州、荆州变成战乱汉末流亡人士的乐土，刘虞治下的幽州，从青州、徐州来避难的人有一百多万，刘表治下的荆州，从西北、河南投奔来的文人学者，就有几千人。

同样红色的曹丕，曾下了息兵诏，下了薄税诏，下了轻刑诏。他实在是一个很有理想的皇帝，希望能够把天下治理得更好。

从过当的一面来看，红色主管容易重人情而轻制度，赏罚不行，导致政令不通。从优势的一面来看，同样是由于他们重人情，他们宽以待人，并不怎么在意他人得罪自己，而且红色不记仇，很容易把这些小事抛之风中，抛之脑后。

比起黄色独断专行，蓝色较真儿挑剔，红色主管善于海纳百川，听取各方的意见，然后得出结论。即使你偶然说错话，红色主管也很快会置之脑后。

对于创业团队，比起黄色老板鸟尽弓藏、兔死狗烹，红色老板绝对会照顾你一辈子的，比起黄色刘邦、朱元璋屠戮功臣，红色的赵匡胤杯酒释兵权实在是太仁慈了，光武帝不仅不解除兵权，还把他们绘上图画，放在云台阁里。

◎ 都是空降兵，周瑜、陆逊处理方法有什么不同？

"既生瑜，何生亮。"这是《三国演义》里周瑜被诸葛亮气死时最后的感叹。红色的罗贯中把一个蓝色硬掰成红+黄，这在历史小说里常见，在小说到电影的过程中更常见。

历史上，周瑜气量宏大，大体上很得人心，只有程普例外。程普是三朝元老，即使在孙坚时代的战将里，他也是年纪最大的一个，大家都叫他程公。赤壁之战，孙权任命周瑜、程普为左右都督，周瑜还在程普之上。程普是创业功臣，被小字辈的爬到头上，心里不服气，多次给周瑜难堪，托病不参加军事会议*。周瑜克制自己，从不计较。程普被他所感动，从此敬服、亲近周瑜，跟人说："和周瑜交往，如饮美酒，不知不觉就醉了。"

蔺相如和廉颇演过将相和，蔺相如完璧归赵，被封为上卿，位在廉颇之上。廉颇自认为战功赫赫，愤愤不平，要羞辱蔺相如，蔺相如每当上朝就推说生病，不和廉颇争位子，出门看到廉颇，掉转车头回避，不和廉颇争道。大家都问他，他才坦白："秦国所害怕的，就是我和廉颇。我这样做，是把国家大事摆在个人恩怨前面。"最后廉颇负荆请罪。

这两个故事，本质上都是一个红色的老人仗着资历，给一个蓝色的新人脸色，蓝色忍让百端，终于获得了红色的谅解。相比于红色才华外露，蓝色锋芒更为内敛，他们觉得，嘴上的强大、发生冲突时的激烈，都不是真正的强大，内心强大如蔺相如，敢于怒斥秦王、敢于让秦王击缶，难道就不敢跟廉颇一较高下吗？蓝色觉得，思想的力量、行动的力量，比如蔺相如推病不上朝、掉头避开廉颇，那才是真正的强大。

黄色的陆逊不同：

他受命抵御刘备时，也碰到同样甚至更严重的问题，陆逊不到四十岁，也没太多带兵打仗的经验，手下将领，有些是孙策旧将，有些是王室贵戚，骄傲自负，都不肯乖乖听话。刘备前来挑战，他不出战，孙桓被围，他也不发兵救援，大家更不服气，陆逊把大家召来，手按宝剑，说：

性格色彩品三国

"刘备闻名天下,曹操都怕他,是强劲的对手。各位应该齐心协力,消灭敌人,报答国恩,而不是相互扯后腿。我虽然是个书生,却接受了主上的任命。国家之所以委屈各位接受我的指挥,是因为我有一点可以称道,那就是能够忍辱负重的缘故。各司其职,不得再推辞。军令所在,不可违犯。"

直到陆逊以逸待劳,火烧连营,击破刘备,大家才心服口服。孙权听说,问:"你当时咋不跟我说?"陆逊说:"这些人都是国家重臣,我虽然笨,但也仰慕蔺相如谦虚忍让。"

你看看他手按宝剑的时候,哪有一点蔺相如的谦虚忍让?在黄色看来,没拔出来砍人立威,就叫作忍耐了。黄色觉得,你跟我作对,我就得把你灭了。至于有点小事就去告状,只有红色做得出来,陆逊不愿找孙权,是因为找孙权解决问题,就意味着自己没有控制力,黄色怎么会承认自己没有控制力呢?

如果你掌管的团队,有资历比你更深的员工,特别是当你是空降兵,初来乍到,对团队一无所知的时候,有老资历的员工看不惯公司的决策,当刺儿头处处跟你作对的时候,你该怎么办?

> 红色的方法大抵是热情以对,请他喝酒,搞好关系,化解心结;蓝色的方法大抵是权且忍让,给他尊重,毕竟人家是老员工,理应获得尊重和重视,等他改变,不争一时长短;黄色更可能先行立威,摆明道道,我是经理你们该给我尊重,如果需要,他也不介意拿老员工来立威,震慑团队。这三个方法都有可取之处,如果能糅合为一,更为有效。

◎ 为什么诸葛恪不肯听取意见终归失败？

三国是一个谋臣战将的舞台，同样也是一个神童的舞台，怀橘的陆绩、让梨的孔融、称象的曹冲、破鼠矢的孙亮，可能是红色；观星的管辂，大抵是蓝色；偷酒的钟会、识李的王戎，黄色较重；画庐的何晏、添字的诸葛恪，黄、红兼有。

诸葛恪的老爸诸葛瑾脸长像驴，孙权喜欢开玩笑，没有节制，让人牵来一头驴，在驴脸上贴上长长的纸，写上"诸葛瑾"，诸葛恪跪下，说："请给支笔，加两个字。"孙权答应，于是诸葛恪就在下面加了"之驴"两字，满座欢笑，孙权就把驴赐给了诸葛恪。

又有一天，孙权问："你父亲和你叔父（诸葛亮），谁更厉害？"诸葛瑾终究还是比不上诸葛亮，但诸葛恪回答："我父亲。""为什么？""我父亲知道该为谁效力，叔父不知道，所以我父亲更胜一筹。"是啊，诸葛瑾跟随孙权，当然好过诸葛亮跟随刘备，孙权大笑。

蜀国使者来，孙权指着诸葛恪说："他喜欢骑马，回去告诉你们诸葛丞相，给他弄几匹好马来。"诸葛恪跪下拜谢，孙权说，"马还没送来，谢什么？"诸葛恪说："西蜀是陛下在外的马厩，现在下了诏书，马一定会送来，怎敢不谢？"

孙权命诸葛恪行酒，到张昭面前，张昭面有醉色，不肯喝，说："这不是敬养老人的礼节。"孙权说："如果你能让张公理屈词穷，他就会喝了。"诸葛恪说："从前吕尚九十岁，领兵出征，还没服老。现在带兵出征，将军在后，喝酒吃饭，将军在前，怎么能说是不敬养老人呢？"张昭无言以对，只好

性格色彩品三国

满饮。

又有白头鸟聚集殿前,孙权问什么鸟,诸葛恪答道:"白头翁。"坐中张昭最老,以为诸葛恪以鸟名调戏自己,说:"诸葛恪欺瞒陛下,未尝听说鸟名白头翁,难道还有白头母?"诸葛恪说:"鸟名鹦母,难道还有鹦父吗?"张昭无言以对,坐中一片欢笑。

以黄色为主色的诸葛恪有急智,以红色为主色的孔融、祢衡、杨修也有急智,但急智用在哪里,黄色和红色完全不同。祢衡以骂人为乐,孔融以在言语上战胜别人为乐,杨修以揭穿别人为乐,诸葛恪则完全不同,他至少两次急智,都是为了恭维孙权。

《红楼梦》里说过王熙凤"胭脂虎"以胭脂(红色)为皮,以虎性(黄色)为心,掰谎是要劝贾母吃酒,讲笑话只为散席安歇,簪子戳嘴、太阳底下跪碎瓷要人招供,跟诸葛恪有异曲同工之妙。

这里我们可以感受到,就算是开玩笑,红色也比黄色缺乏目标感。这点上,诸葛恪值得红色学习,但过犹不及,恭维君主不是错,但诸葛恪太会看眼色、太势利,他肆意攻击的对象,包括不招孙权喜欢、年纪却足够做他祖父的张昭。

陆逊死后,诸葛恪代陆逊守荆州,孙权死前,又受遗命辅政,成为东吴的执政者。

吕岱比诸葛瑾年纪还大,告诫诸葛恪:"世事多难,每件事要反复思考十次再做决定。"诸葛恪回答说:"以前季文子三思而后行,孔夫子说'想两次就可以了',你让我想十次,是说我不行啊。"

他打算出兵讨伐曹魏，大臣们纷纷劝他，将士疲劳，不宜轻举妄动，诸葛恪不听，蒋延坚持意见，被扶出。他给聂友回信说："你说得也有道理，但没有大局远见。仔细看看我的文章，你就会明白。"

孙吴政权的北伐，从来没有效果，这次也不例外。盛夏发兵，围攻新城数月不下，有人报告称将士疲劳，水土不服，疾病丛生，诸葛恪认为是扰乱军心，反而把报告的人杀了，从此没人敢说话。

将军朱异有不同意见，诸葛恪大怒，剥夺了他的兵权。蔡林屡次献计，诸葛恪不予采纳，蔡林一气之下，投奔魏国。

最后，诸葛恪只好撤退。士兵伤病，流落路途，有的倒毙在沟壑之中，有的被魏军俘虏，幸存的愤恨悲痛，将士呼号哀叹，而诸葛恪安然自若。

这就渐渐失去人心，怨恨兴起，被孙峻所杀。

诸葛恪在朝廷酒宴上开开玩笑，占占便宜，虽然不敬老，还无大的妨碍，但做了执政，还拿玩笑去堵别人的嘴，就过了界。周幽王（红色）为褒姒提供几百匹绢布供她撕扯作乐，虽然浪费，但也无大的妨碍，等到烽火戏诸侯，演一出"狼来了"，玩笑开过界，终于送了命。

这种盛气凌人的风格，究其根本，**黄色不懂得倾听**，他们听不进不同意见、听不得反对的话，对于冒犯自己的人，黄色必要毫不留情地予以还击，红色把这心思，变成了凌厉的攻击，刚愎自用，一意孤行，最终导致了失败。诸葛恪觉得，在对话上战胜别人，就等于在事实上或者道理上战胜别人，如果我不反击，就意味着我输了，如果我不能在言语上镇住你，那也意味着我输了。

陈寿评论说："诸葛恪才华谋略，为国人称道，但他骄傲自大、不体恤百

性格色彩品三国

姓，夸耀自己、欺凌他人，能不失败吗？"

周昭著书，论："古今士大夫之所以败坏名声、丧失性命、倾覆家业、危害国家，最常见的原因，不出四条：急于议论、争夺名声和权势、顾念朋党、力求速成。急于议论则伤害他人；争夺名声和权势则败坏友谊；顾念朋党则蒙蔽君主；力求速成则丧失德行。"诸葛瑾是这方面的典范，而诸葛恪正是反面典型，急于议论、争夺名声，说到了黄+红的痛处。

比起红色听取各方意见，蓝色习惯性内省，说服黄色是最困难的，在黄色心目中，他们自己英明远见，永远正确，听取意见在某种程度上就意味着自己的失败，无法接受，与红色三人成虎不同，黄色厌恶从众，因为从众就意味着自己不够成功，泯然众人。

而黄+红的致命之处在于，他们不仅不听意见，而且把这种心态和情绪表现在外面，利用职权嘲笑、讽刺那些提意见的人，时间一长，谁还会再提意见呢？

斫案兴言断众疑
——说服篇

性格色彩品三国

在说服老板这个问题上，各种颜色都有各自独特的方式。红色言辞委婉、拐弯抹角，而黄色更为直截了当、简单粗暴。红+黄更可能在公众场合高调宣扬自己的主张，甚至做出激烈的举动，不给老板面子，蓝色或者蓝+黄却相反，他们倾向于私下提出意见，但却非常坚持。通常而言，老板最怕这两种人提意见，因为他们都很坚持，特别是红+黄高调的坚持会让老板很不喜欢，张昭就因此输给了顾雍，没有成为东吴的丞相。

◎张辽在土山如何说服关羽？

刘、关、张桃园三结义，"不求同年同月同日生，只愿同年同月同日死"云云，史书上是没有的，只说三人同床而寝，同器而食，但无论如何，情同兄弟，应该是不错的。关羽以解良一介武夫，得到刘备的器重，愿意粉身碎骨，赴汤蹈火，在所不辞。

等到曹操东征徐州，击破刘备，三兄弟失散，刘备去青州投奔袁谭，张飞在芒砀山落草为寇，而关羽被围土山，张辽自告奋勇上山说服关羽。*

关羽宁死不屈："我现在虽然身处绝境，但视死如归，你赶快回去吧。"

斫案兴言断众疑——说服篇

在这种心态下，说那些良禽择木而栖之类的套话只会适得其反，所以张辽听了，反而哈哈大笑："兄长这话，难道不会被天下人所耻笑吗？"

"耻笑"两个字转移并勾起了关羽的注意力。关羽非常爱面子，极其渴望得到表扬，很容易看不起别人，却又极其害怕别人看不起他，命可以不要，面子一定要："我为忠义而死，怎么会被天下人耻笑？"

张辽说："兄长你现在死，有三大罪。"哪三大罪？第一，有负同生共死之约，万一刘备再度出山，你怎么再来效力？第二，甘、糜二位夫人无所依赖。第三，不能与刘备共同匡扶汉室，有违大义。

兄弟之义、托付之情、君臣之辩，娓娓道来，说中关羽心事，沉吟不语。

张辽又反过来说，投降有三大好处：一者保二位夫人；二者不背桃园之约；三者可留有用之身。而且张辽开出了一个不容拒绝的方案："不如暂且归降曹公，却打听刘备音信，等知道刘备去向，再过去投奔。"

给了一个台阶，有了拖延的借口，由不得关羽不答应，为了面子，他要约法三章：只降汉帝、不降曹操；二位嫂子处不许外人到门；但知刘备去向，就要辞别归去。

> 说服一个人，可以用势、用利、用理（义）、用情、用法。说服黄色，应该因"势""利"导；而说服蓝色"富贵不能淫，贫贱不能移，威武不能屈"，应该通"情"而达"理"；红色比较复杂，有时或有些人要用"势"威压，有时或有些人要用"利"诱导，有时或有些人要晓之以"理"，有时或有些人要动之以"情"，有时或有些人还要用"法"讲明。

性格色彩品三国

然而，**最普遍意义上，说服红色的第一要点是"情"**。大家都知道，说服人，诉诸利益不如诉诸损失，张辽举三大罪就是关羽殉难的损失，而这些损失偏偏没有一个是关羽自己的，而这些损失一再阐明了关羽的重要性，你没了，刘备怎么办啊，两位夫人怎么办啊，汉室江山怎么办啊。

费诗劝说关羽接受前将军之位，和黄忠并列的时候，用的也是"情"："汉中王和君侯你，如同一体，休戚与共，祸福同当。我认为你不应该斤斤计较官位高低、薪水多少。"

关羽兵败麦城，诸葛瑾也来劝降。诸葛瑾说你现在内无粮草，外无救兵，识时务者为俊杰，不如归顺孙权，继续镇守荆州，又可以保全家眷。不动之以情，却晓之以理，偏偏选择了完全相反的"势"和"利"，不仅无效，反而火上添油，一下子火药桶炸了，关羽拉下脸，说："我是解良一介武夫，蒙受主上以手足相待，怎么肯背义投敌？宁为玉碎，不为瓦全，决一死战。"

说服蓝色一样要通"情"而达"理"。

曹操刺杀董卓未遂，路过中牟县被捕，曹操选择用义理："我家世代享有汉室的俸禄，不思报国，和禽兽又有什么不同？服侍董卓，只是伺机刺杀，为国除害。"说动陈宫弃官挂印，随他一起逃亡。

后来两人分道扬镳，很多年以后，曹操征讨吕布，擒获陈宫，舍不得杀，威胁陈宫："你死了，你老母、女儿怎么办？"

用"势"威逼，用"利"诱惑，对蓝色无效。陈宫不予理会，反而用"理"来说服曹操："我听说以孝道治理天下的，不会杀别人的父母，仁德普施四海的，不会断绝别人的后代。老母、妻儿的性命取决于曹公你，而不是我陈宫。"慷慨引颈就戮。

曹操赡养他的母亲，帮他嫁了女儿，对她们的照顾，比当初更丰厚。

在长期的说服和被说服的过程中，形成了很多相矛盾的成语、谚语和俗语。《三国演义》里这头一个劝降说"良禽择木而栖，贤臣择主而事"，那厢一个死守的说"烈女不更二夫，忠臣不事二主"，这样的文字官司，本来打一万年也没结果，但性格色彩一出，立马就有了结果——只是性格差异而已。

知无不言，言无不尽（红色）	交浅勿言深，沉默是金（蓝色）
不爱江山爱美人（红色）	天涯何处无芳草（黄色）
滴水之恩，当涌泉相报（红色）	兔死狗烹、鸟尽弓藏（黄色）
一个好汉三个帮（红色）	靠人不如靠己（黄色）
车到山前必有路（红色）	不撞南墙不回头（黄色）
金钱不是万能的（红色）	有钱能使鬼推磨（黄色）
少数服从多数（红色）	真理在少数人的手里（蓝色或黄色）
己所不欲，勿施于人（红色或绿色）	顺我者昌，逆我者亡（黄色）
得饶人处且饶人（红色或绿色）	纵虎归山，后患无穷（黄色）
宰相肚里能撑船（红色或绿色）	有仇不报非君子（黄色）
好了伤疤忘了痛（红色）	君子报仇，十年不晚（黄色或蓝色）
罪无可恕，情有可原（红色）	情有可原，罪无可恕（蓝色）
路见不平，拔刀相助（红色）	各人自扫门前雪，莫管他人瓦上霜（绿色）
人无远虑，必有近忧（蓝色）	今朝有酒今朝醉（红色）
不怕人不敬，就怕己不正（蓝色）	众口铄金，积毁销骨（红色）
小心驶得万年船（蓝色）	撑死胆大的，饿死胆小的（红+黄）
出淤泥而不染（蓝色）	近朱者赤，近墨者黑（红色）
人生得一知己足矣（蓝色）	普天之下，莫非我友（红色）
一屋不扫何以扫天下（蓝色）	成大事者不拘小节（红色或黄色）
贫贱不能移（红色或蓝色）	人穷志短，马瘦毛长（黄色）

性格色彩品三国

人不犯我，我不犯人（蓝色）	先下手为强，后下手遭殃（黄色）
男子汉大丈夫，宁死不屈（红色或蓝色）	男子汉大丈夫，能屈能伸（黄色）
宁为玉碎，不为瓦全（红色或蓝色）	留得青山在，不怕没柴烧（黄色）
礼轻情意重（蓝色）	礼多人不怪（黄色）
量小非君子（蓝色）	无毒不丈夫（黄色）
日久见人心（蓝色）	人心隔肚皮（黄色）
良禽择木而栖，贤臣择主而事（黄色）	烈女不更二夫，忠臣不事二主（蓝色）
小不忍则乱大谋（黄色）	人活一口气（红色）
人定胜天（黄色）	死生有命，富贵在天（红色）
苦海无边，回头是岸（绿色）	开弓没有回头箭，好马不吃回头草（红+黄）
退一步海阔天空（绿色）	狭路相逢勇者胜（红+黄）
	人善被人欺，马善被人骑（黄色）

◎为什么张昭受命托孤却两次没当上丞相？

张昭是孙策最看重的人，史书上说"比肩"——有点《隋唐演义》里"一字并肩王"的意思，他托孤于张昭，有两句话，一句是"如果孙权不能胜任，你可以取而代之"，另一句是"如果情形不妙，投降中央，不要有心理负担"。比刘备托孤还彻底。

张昭觉得孙策托孤给他，他有责任、有义务把孙权带好，所以他以师父自居，努力地调教孙权。每次朝见，言辞刚烈，常常因直言忤逆孙权，一度被禁止入朝。他动不动就来一句："当年太后、桓王（孙策）没有把老臣我托付给陛下，而把陛下托付给老臣。"

孙权在武昌钓台，饮酒大醉。让人拿水泼向群臣，把大家弄醒之后，打算继续:"今天一定要喝个痛快,不醉不休。"张昭板起面孔,一言不发,走到外面坐在车里。孙权派人去喊他回来,说:"一起寻欢作乐罢了,你发什么火啊?"张昭回答:"从前纣王造糟丘酒池,长夜痛饮,当时也只认为是寻欢作乐而已,没想到是坏事啊。"孙权哑口无言,面有愧色,只好散席。

这样的直截了当,这样的公开场合,很容易造成黄色的反感,张昭并没有意识到,他也没有预料到黄色的反应。

孙权称王,设丞相,张昭是众望所归,孙权说:"如今是多事之秋,丞相职责重大,不是用来优待他的。"任用孙邵,孙邵死后,百官又推举张昭。孙权说:"我难道对张昭很吝啬吗?丞相事务繁重,太辛苦了。再说张昭性情刚直,如果我不采纳他的意见,他就会生气、埋怨、责怪,所以不适合当丞相。"任用顾雍。

几年后孙权称帝,张昭想说两句称颂功德的话,还没开口,孙权就说:"照你的做法,我已经在讨饭了。"

公孙渊称臣,孙权派使者去辽东封公孙渊为燕王。张昭说:"公孙渊称臣,只是权宜之计,一旦他变卦,投向魏国,我们的使者就回不来了,不是要被天下人取笑吗?"争来争去,张昭越说越激烈。

孙权受不了,手按着刀,发怒:"吴国士人,入宫拜我,出宫拜你,我对你的敬重,也算到了极致,但你却多次在众人面前折辱我,我怕我控制不住啊。"控制不住什么呢?要拿刀砍了张昭。

张昭也不退让,久久注视孙权,说:"我也知道我说的不中听,但还是要说,是因为太后(吴夫人)临终,把老臣我叫到床前,那些话还在我耳边的缘故啊。"说着说着泪流满面，孙权把刀一扔，两人面对面哭了起来。

虽然如此，但终究孙权还是派出了使者，一万士兵、金银财宝、九锡仪仗等，从海上前往辽东，封公孙渊为燕王。张昭愤愤不平，托病不上朝。孙权恨得牙痒痒，下令用土把张昭家门堵起来，张昭也不客气，在里面也把门堵上。

结果，公孙渊将张弥等人斩首，吞没了士兵和财宝。孙权多次派人去慰问张昭，表示认错，张昭就是不出来，孙权亲自出了皇宫，跑到张昭家门口呼叫张昭，张昭推说病重。孙权放火把门烧了，想要吓唬他，可张昭又关上了自己的房门。孙权让人灭了火，在门口站了很久，张昭的儿子们一起扶起张昭，孙权用车把他带回宫中，深深责备自己。张昭没办法，只好继续参加朝会。

陈寿说："张昭受命辅政，功勋卓著，忠诚正直，行动不为自己考虑。因为严肃而被忌惮，因为清高而不被接纳，没能当上丞相，悠游于街巷，养老而已，由此可知，孙权不及孙策。顾雍凭借学识，运用智谋，所以能出任丞相。"

提意见是被传统所鼓励和赞赏的，无论红、蓝、黄、绿，都会提意见，但方式、方法可能不同。

通常来说，**红+黄提意见更高调，也更激烈，常常引发冲突**，魏征犯颜直谏，海瑞敢于痛骂皇上："百姓说，嘉靖，就是家家皆净，没有财物。""天下之人，早就认为你不配当皇帝了！"

杨阜位至部长，每次朝廷开会讨论，他都从容不迫地仗义执言，以天下为己任，奏章上提了什么建议，也一定要跟别人分享。皇帝不听，就要求辞职，皇帝也不准许。

有次明帝穿着便服,杨阜问:"这是什么服装?"明帝沉默不语,从此不穿上礼服就不敢出来见杨阜。

明帝的爱女曹淑未满周岁就夭折了,明帝悲痛万分,打算亲自送葬。杨阜说:"先帝、太后死时,你都没有送葬,为什么?因为要防备意外。怎么能为这小孩子送葬呢?"

在某些情况下,红+黄甚至会做出激烈的举动来逼迫自己的老板。我们讲过红色有舞台情结,享受自己站在舞台中央的感觉,红色好面子,我是对的,所以我一定要把你驳倒,同时,红色觉得自己是好心,太想帮别人,而黄色呢,就把这份心意变成强迫。

杨阜反对魏明帝大兴土木,竟然声称:"我已经准备好棺木,沐浴更衣,就等你下令把我处死了。"嘉靖帝看到海瑞骂他的奏章,勃然大怒,往地上一扔:"快去抓他,别让他跑了。"宦官黄锦在旁,说:"这个人素来有痴名。听说他已经买好棺材,诀别妻儿,到朝房待罪,这样的人是不会逃跑的。"相比之下,红色的孔融以辞职威胁曹操不杀杨彪,真是小儿科了。

这种激烈的表达方式,很难让老板接受,就算唐太宗这样的黄色,也不免会说:"我一定要找机会杀了这乡巴佬(魏征)。"

从道德意义上来看,张昭这些红+黄,行动不为自己考虑,或许值得推崇,但难道这就可以成为不给老板面子的理由吗?难道光出风头不采纳你的意见更好?你是不是有更好的办法能够达成一致的意见?初衷是好,没有结果又有什么用?让老板舒心,自己意见得到采纳,对百姓有利。何况,你的意见,未必就是百分之百正确。最基本的原则,首先在公众场合提意见,务必给领导留面子,其次行使建议权,尊重领导的决断权。

袁宏把这区别归结为"遇与不遇",有没有遇到所谓"命中注定"的君主,其实,这只是张昭固守自己原有的沟通方式,"遇"到跟你合拍的君主,算你运气,"遇"不到,那才正常啊。

张昭的第二个问题是,张昭觉得,他跟孙策的沟通方式,也适用于孙权。这大概是红色前朝老臣的普遍心态,比干是纣王的叔叔,开膛破腹;伍子胥是阖闾时代的老臣,赐剑自杀;吴起、商鞅,都是如此,只有乐毅见时机不对,立刻改换门庭。

> 职场中,公司分立、合并,主管变更,城头变幻大王旗,员工换岗、离职,老板传位二代继承,在这种情况下,你都有可能遇到新的领导,原先的领导可能是红色,和你亲密无间,现在的领导可能是蓝色,初处起来很严肃,这时候,最忌讳的就是用原来的方式来跟新老板相处。

◎ 为什么顾雍能得到孙权的信任?

顾雍任东吴丞相十九年,他说话少,孙权曾经感叹过:"顾公不说话则已,说话就一定有道理。"他的谨慎稳重,和贾诩的筹算谋划、程昱的智勇双全,都被认为是魏、晋时代的最佳典范之一。

但他很严肃,大家都怕他,饮宴欢乐之际,大家担心酒后失礼,顾雍必定会看见,因此不敢纵情享受。孙权也说:"顾公在座,使人不乐。"

他更是个极度低调的人。低调到什么程度?他封侯之日,家人都不知道,后来听说才感到惊奇。这种事，中国历史上只此一遭。

顾雍的意见，大抵上和张昭没有什么不同，比如反对狂饮、反对严刑峻法、反对封公孙渊。不同的是，张昭在大庭广众之下激烈反对争得面红耳赤，顾雍是私下里协调立场。

顾雍常常走访民间，有什么建议，都秘密上报。如果采纳，就归功于孙权英明决断，就算不采纳，也从不泄露、从不抱怨，孙权因此很器重他。但在朝廷上，他也敢于发表意见，言辞恭顺却又坚持到底。军国得失，没搞清楚，绝不发言。张昭曾经提议说法令太多、刑罚太重，孙权不作声，回头问顾雍："你觉得怎样？"顾雍说："我听到的，和张昭一样。"于是孙权同意减轻刑罚。

孙权常派使者去见顾雍，咨询意见。如果意见一样，可以执行，也要再三商量研究，搞得很晚，请使者吃饭、喝酒。如果不合他的意见，顾雍表情严肃，一句话也不说，什么吃的也没有，使者只好告退。孙权说："顾公高兴，事情可办，他不说话，事情未必妥当，让我重新考虑看看。"

如果我们说，红色像马，那么蓝色像牛。庞统说过："马能代步，牛能负重远行。马跑得再快，只能载一个人，牛走得慢，运载的可不是只有一个人啊！"这话用来形容张昭和顾雍，应该没什么大错。

荀攸跟随曹操征伐，常常运筹帷幄，据说前后有十二"奇策"，但大家，包括他的子弟，没人知道他说了些什么。表兄弟辛韬曾经问他曹操谋取冀州时的往事，荀攸说："袁谭派辛毗来求降，军队一过去就平定了，我怎么会知道什么？"从此没人再敢问他军国政事。

陈群位至正国级，前后多次陈述朝政得失，每次上奏，都把奏章密封，并毁去草稿，连子弟都不知道他说些什么。外人看不到，就有人讥讽陈群素餐尸位，直到曹芳时下诏把名臣奏议汇编成书，大家才看到陈群的谏议，赞叹不已。

华歆认为臣子上奏，应该以劝谏君主合乎正道为贵，但他有什么话，从来不在外人面前显露，所以没有什么记载。

比起红色大庭广众之下，高声宣布自己的主张、指责君主的意见，蓝色私下提意见的方式显然更易接受，考虑更周全，也更照顾君主的颜面。北魏文成帝说："我有过失，高允没有不当面直言的，有些话我难以接受，他也从不避讳。我知道自己的过失而天下人不知道，难道这不能算是忠臣吗？"

顾雍他击败张昭，成为丞相，也就在情理之中了。

◎诸葛瑾是如何劝说孙权的？

诸葛瑾劝谏讽喻，从没有激切直言，微微显露态度神色，大体说明意思主旨，点到即止。如果不合孙权的心意，就先放开，去谈别的事情，慢慢地借着别的事情再回到前面的话题，用事情类比来说明，于是孙权往往因此开解。

朱治做错了事，孙权想骂他，但朱治是三朝元老，一向受孙权敬重，要骂他还真开不了口，心里愤愤不平。诸葛瑾揣摩孙权的心意，请求让自己写信去责问朱治，当着孙权的面写信，写完后，交给孙权看，孙权很高兴，说："我的气消了。"

又有一次，孙权要定殷模的罪，大家为他求情，孙权更加气愤，反复争论，只有诸葛瑾默不作声。孙权问:"诸葛瑾,为什么一个人不说话啊?"诸葛瑾说:"我和殷模,都是因为战乱,避祸江东。遗弃祖坟,扶老携幼,披荆斩棘,归附圣化。微贱流民,蒙受养育之恩,不能互相督促,报答君主,致使殷模辜负皇恩,身陷罪责。我认错还来不及,实在不敢说什么。"孙权听了很伤感,说,"我特地为你而赦免他。"

除了绿色以外,红色提意见坚持度最低,更容易在压力下放弃,同时,考虑到别人的立场,红色提意见,更加拐弯抹角,言辞更委婉。中学语文课本里就提供了"邹忌讽齐王纳谏""触龙说赵太后"两个案例,此外,优孟为孙叔敖之子请封、东方朔救武帝乳母,都是典型的红色提意见。

齐景公贪杯,一次喝了七天七夜,还没停下来。弦章(红+黄)说:"我请求你别再喝了。你要是不听,请把我杀了吧。"和张昭、杨阜一个脾气。正好晏子(红色)来了,景公说:"弦章这小子,竟然这样说话!听他的,难道他做下属的,反而来管我吗?不听,难道真的把他杀了,我舍不得啊。"晏子很巧妙地回答:"幸好啊!弦章遇到了明君。要是遇上了纣王,早就死翘翘了。"景公于是停止喝酒。从这里我们可以看出,红色和红+黄在说服方式上的不同。

许攸拥兵自重,言辞轻慢。曹操大怒,打算讨伐许攸,大家都建议招抚,可曹操横刀在膝,脸色阴沉不肯听从。杜袭说:"殿下觉得许攸是什么样的人?""凡人一个。""只有贤人才了解贤人,只有圣人才了解圣人,凡人怎么能理解殿下呢?小小的许攸,哪里值得劳动神明威武的殿下呢?"于是厚待许攸,许攸即刻归顺。

曹操的刑罚很严厉,老鼠咬坏了他的马鞍,库房管理员向曹冲(红色)求情。曹冲便拿刀把自己的衣服捅了几个洞,装作被老鼠咬坏的样子,面有愁色。

性格色彩 品三国

曹操看见，问他怎么了，曹冲说："听说老鼠咬衣服，主人不吉祥。"曹操说："胡说八道，不用担忧。"过会儿管理员来报告，曹操大笑，"儿子的衣服在身边，都被咬了，何况是马鞍呢。"不予治罪。

刘备禁酒，某户搜出酿酒器具，官吏认为这和酿酒同罪。简雍（红色）和刘备外出，看到一对男女在路上走，简雍说："他们要淫乱，为啥不绑起来？"刘备说："你咋知道？"简雍说："他们有那样的器具，和有酿酒器具的人一样。"刘备大笑，赦免了有酿酒器具的人。

孙权亲自逐一劝酒，虞翻伏地装醉，孙权走过去，他马上坐了起来。这么不给面子，怪不得孙权大怒，拔剑要砍，在座的无不惶恐，只有刘基起身抱住孙权，孙权说："曹操杀了孔融，我杀虞翻又如何？"刘基说："曹操杀害士人，天下非议。大王你躬行德义，怎么可以把自己跟他比呢？"才得以幸免。孙权下令："以后凡是我酒后下令杀人，都不可以杀。"

忠言未必逆耳，这些红色的方法，要么就是先给糖衣，暗藏炮弹，用表扬来给上司面子，要么就是拐弯抹角，回避抵触和对抗。归根结底，就是要避免领导因面子而固执己见。

张宝幼老师是教小朋友数学的，她的思路是：小朋友本来就知道的，所以你要让他说出来。红色看起来让小朋友说出来答案，让老板做了决定，其实，这都是引导的结果。曹冲并没有说要宽恕库管，简雍并没有说要放过私藏酿酒器具的人，诸葛瑾并没有说要原谅朱治，看起来，都是曹操、刘备和孙权自己的决定呢。

一次课堂上，林来利（问心）总结了自己的经验教训，明白满足以下条件才能算完美建议：

一、提意见要改成不成熟的建议；
二、发表前还需考虑领导是否真心要你讲；
三、是否等大家发表差不多再考虑有无发表必要性；
四、真要发表还得考虑措辞精准表达自己的意思；
五、不得罪其他人；
六、以领导喜欢的方式表达出来。

我想强调的是，实践是检验真理的唯一标准，不管你用什么方法，你的目标是使你的意见被采纳、被实施，这就是标准。

◎ 为什么诸葛亮说只有法正可以说服刘备不打吴国？

许靖是许劭的堂兄，"月旦评"的第二作者，江湖上名气很大。刘备包围成都时，他打算出城投降，被发觉没成功，刘备因此轻视许靖，不肯重用，法正说："许靖徒有虚名没错，可主公你现在始创大业，不可能挨家挨户去说明，许靖名扬四海，如果不能礼遇，天下人就会因此认为主公你轻视贤才。应该仿效燕昭王。"郭隗用千金市骨的故事说服了燕昭王，燕昭王为他筑起黄金台，以此为样板，招徕天下人才，乐毅、邹衍、剧辛纷纷投奔燕国。

从这点来看，刘备尚且有点东汉重视人物品行的习气，而法正则完全是站在利益的角度上看待问题，是不是虚名不重要，重要的是有没有用。刘备一听就懂，接受意见，厚待许靖，论交情，不，是论"交椅"，还在诸葛亮之上。

刘备打算娶刘璋的寡嫂吴氏为妻，正宗本家同族，有些犹豫不决，法正一语定论："你这点关系，比得上重耳娶亲侄的妻子吗？"

性格色彩 品三国

秦穆公要把五个宗室女子嫁给重耳,其中有晋怀公的妻子怀嬴,重耳不想接受,有人劝他说:"你准备讨伐他(晋怀公)的国家,何况是他原来的妻子呢?权且接受,与秦国结亲,请求秦国帮助你回国。难道你要坚持小小的礼节,而忘记以前的耻辱吗?"重耳于是接受,秦国非常高兴。

法正这句话说到了点子上,重耳(晋文公)受迫害流亡十九年,历经八国,终于得以回国即位,最终成为春秋五霸之一,极有可能是刘备的偶像。重耳可以这样做,为什么我刘备不可以呢?

还有一次,刘备征战不利,却不肯退,没人敢劝,当时箭如雨下,法正上去挡在刘备前面。刘备说:"法正,躲箭。"法正说:"你不走,我也不走。"刘备只好说:"法正,我和你一起走。"这才撤下。

黄色的说服法则简单、粗暴、利益优先,直接把你征服。后来刘备攻打吴国,蓝色劝都劝不住,等到刘备惨遭夷陵之败,诸葛亮感叹:"如果法正还活着,一定能制止主公,不让他东征。就算东征,也不会全军覆没。"

在说服老板这个问题上,各种颜色都有各自独特的方式。红色言辞委婉,拐弯抹角;**黄色**直截了当、简单粗暴,摆出利益的砝码;**红+黄**更可能在公众场合高调宣扬自己的主张,甚至做出激烈的举动,不给老板面子;**蓝色或者蓝+黄**却相反,他们倾向于私下提出意见,但却非常坚持。这么多提意见的方法,哪种最管用?其实要看你需要说服什么颜色的老板。法正是黄色碰上了黄色,因"势""利"导策略生效,要是碰上蓝色的赵云,恐怕法正这招也不灵。

鲁肃(红+绿)没有黄色,但他说服孙权,完全是黄色的风格。孙权与众将商量,大家都劝孙权投降,只有鲁肃不说话。孙权去洗手间,鲁肃追过来,孙权知道他的意思,问:"你想说什么?"鲁肃说:"我可以投降,将军不能投降。我投降，曹操怎么也得给个官做，坐牛车，有跟班，逐级升迁，最后少不了刺史、太守的位置。将军投降，能去哪儿呢？"这话，真正说到孙权的心坎儿里了。

后来周瑜见孙权，用蓝色分析，指出曹操四个错误："第一，北方未平，马超、韩遂还割据关西，是曹操的后患；第二，舍弃鞍马，倚仗舟船，和吴越之人争胜，不是中原的长处；第三，现在隆冬盛寒，战马缺少草料；第四，北方士兵，长途跋涉，水土不服，多生疾病。"

周瑜又细算曹操的军队："曹操号称八十万大军，其实名不副实。仔细算算，北方士兵，不过十五六万，而且已经疲惫不堪，得到刘表的军队，最多不过七八万，还有些人在犹豫猜疑。以疲惫不堪的老部队，驾驭犹豫猜疑的新手下，人虽多，不可怕。给我五万兵，足以打败他们，将军不用担忧。"

诸葛亮用针对红色的激将法，诸葛亮先说曹操威震四海，东吴不如早日束甲投降，孙权问："那刘备为啥不投降呢？"诸葛亮说："田横，齐国壮士，坚守道义不肯投降，何况刘备是皇室后裔，英才盖世，天下仰慕，如水归海。如果不成功，那是天意，怎么能再做曹操的下属呢？"

黄色直指根本、蓝色分析利弊、红色激将，三人配合无间，由不得孙权不听。但毕竟鲁肃以黄色方法对黄色，技高一筹，而且周瑜是他劝孙权召回的，诸葛亮是他去荆州请来的，所以裴松之说："刘备、孙权合力，共拒曹操，都是始于鲁肃的谋划。"鲁肃没有黄色，而用黄色的方法说服黄+红的孙权，所以说，重要的不是你是谁，而是你要说服谁。

后 记

很想借这个机会,来聊聊乐嘉老师。

初识乐老师,是在他的性格色彩课堂上。最深刻的印象,他每次上课都要到午夜,恨不得把所知道的全部输送给学生,然后,等他回了家,还会把一天的培训都记下来。第二天一早,又开始准时上课,那时候总是佩服他精力真的好,不知疲倦的样子,现在想来,真是像他自己所说,是拿生命在上课啊。后来参加了第二期导师班,听他讲挤牙膏的故事,这个故事他讲过很多遍,但是每次听他讲,都有新的收获,而他自己也常说,每次讲的感受也不一样。我常常用这个故事来说:成功背后都是大家看不到的努力和勤奋。

乐老师常说,他要做个"送奶工",把性格色彩这杯"奶"送往更多的人家。他总是希望有更多的人一起来完成这个事业。有一天晚上,一起在浦东吃饭,坐乐老师的车回家,聊着性格色彩,聊起我的《史上最全红楼人物关系图》,乐老师就说可以写一本书,把《红楼梦》和性格色彩结合起来。写书也算是我的人生梦想之一,所以一拍即合,一路聊到家门口,还没聊完,下了车,在昏黄的路灯下,一起订下了计划,这就是创作此书最初的缘由。

很自豪地说,《性格色彩品红楼》是第一本性格色彩和某个具体领域相结合的书,证明了性格色彩可以和每个人的工作、兴趣相结合。

性格色彩品三国

写完《性格色彩品红楼》，很多人就来问，下一本写什么？要不要写完四大名著啊？下一本写什么？因为《性格色彩品红楼》更多讲家庭和爱情，那么偏重职场的《性格色彩品三国》自然而然就成为必然的选择。

不过，《性格色彩品红楼》的文字整体上是偏文学化的，可能在阅读上还不够通俗易懂。而等到写《性格色彩品三国》的时候，乐老师就提出了新要求，要求把文言部分都去掉，变得更加通俗，就像白居易的诗一样。通俗不是为了通俗而通俗，是为了能让更多的人读懂，通过读懂，能够对人的性格有所了解，能够在生活及职场上更进一步。

我说我不知道怎么写，因为，改变习惯很痛苦。硬着头皮试着写了几章，孔融、杨修等，乐老师对待文字是很严厉的，他给我提出意见，说古文的方式大众读者读起来会比较辛苦，我尝试着写了几章，乐老师又给了一些比较具体的指导，经过乐老师的建议，和我自己反复多次的修改调整，对整体文字的调性比较满意了。以往自己觉得好的东西，似乎一下子被打破了，来来往往，不住的要求和改写，改到后来，终于有一天，我觉得这样写，确实不错。

几个小故事，借着机会，感谢乐老师，谢谢你，对我的帮助。

方晓

2018 年 8 月 20 日

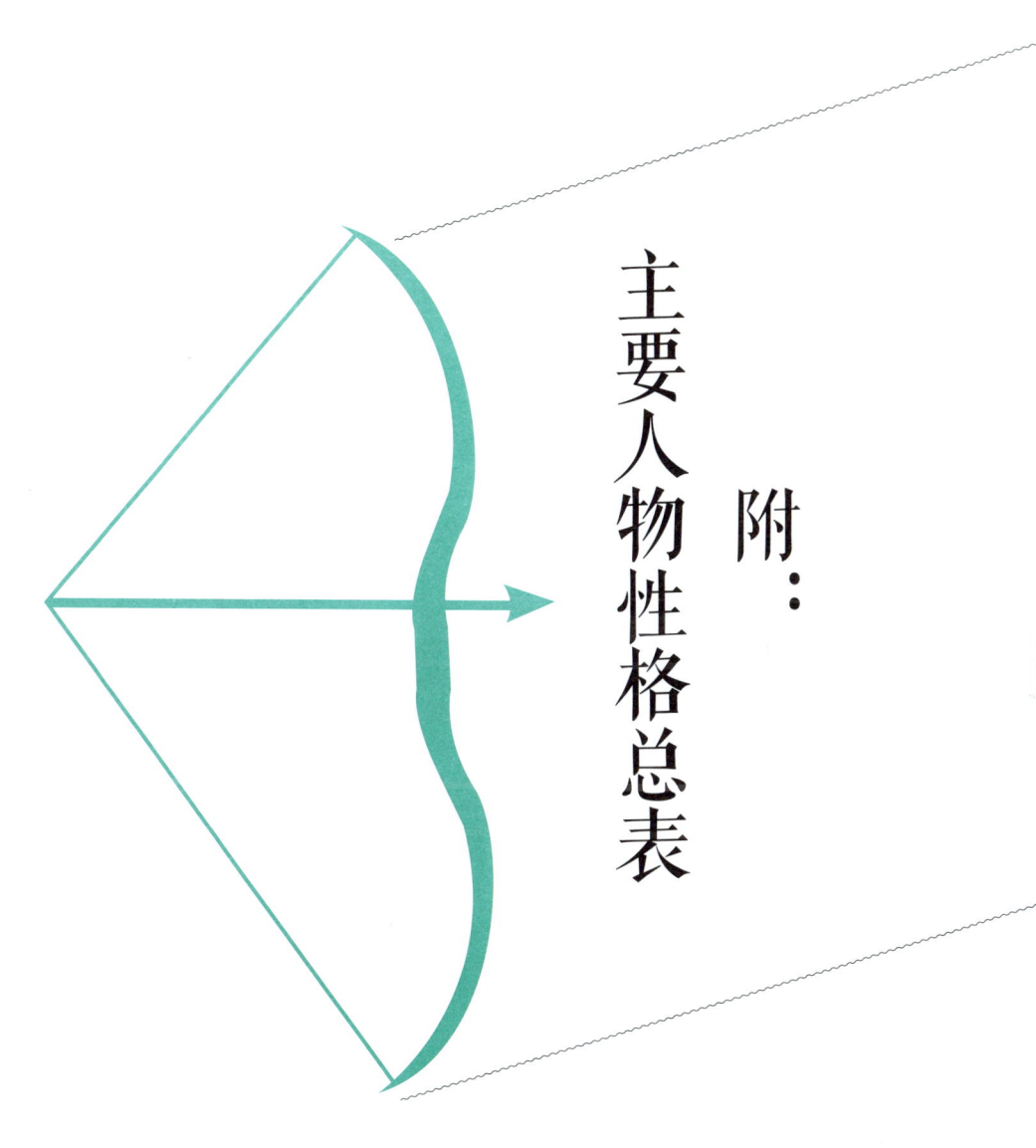

附：主要人物性格总表

性格色彩品三国

	群	魏	蜀	吴	晋
红色	何进 袁术 刘虞 刘表 刘璋 吕布	郭嘉 张辽 杨修 曹爽 曹髦	关羽 徐庶 庞统 蒋琬 费祎	诸葛瑾	
红+黄	董卓 公孙瓒 袁绍 孔融 祢衡	曹丕 邓艾 杨阜	张飞 魏延	孙坚 孙策 孙尚香 孙皓 张昭 甘宁	
红+绿			刘禅	鲁肃	
蓝色	王允 陈宫	荀彧 徐晃 华歆	赵云 诸葛亮	周瑜	
蓝+黄	荀攸 陈群		顾雍		
黄色	刘焉 陈登	贾诩 程昱 钟会	刘备 法正 马超 姜维	吕蒙 陆逊	司马懿 司马师
黄+红				孙权 诸葛恪	司马昭
黄+蓝		曹操 于禁			
绿+红					羊祜